应用技术型高等教育"十三五"精品规划教材

实用运筹学

（第二版）

主编　邢育红　于晋臣

中国水利水电出版社

www.waterpub.com.cn

·北京·

内 容 提 要

根据运筹学的学科特点，本书对传统运筹学的内容和方法做了较大的改革．在系统介绍运筹学的基本概念、基本原理、基本思想、基本方法的基础上，借助专业的优化软件Lingo来求解模型，特别突出解决实际问题的实用性．

全书共分 8 章，主要内容包括线性规划、运输问题、整数规划、目标规划、非线性规划、动态规划、图与网络分析、排队论．书中除了精选的例题外，每章后附有大量的习题，章末附有实用案例以供教学和自学用．

本书可作为普通本科院校和高职高专院校相关专业的教材，也可作为管理人员和工程技术人员的参考用书，还可以作为数学建模活动的培训用书和参赛学生的参考用书．

图书在版编目（CIP）数据

实用运筹学/邢育红，于晋臣主编．—2 版．—北京：中国水利水电出版社，2019.1

应用技术型高等教育"十三五"精品规划教材

ISBN 978-7-5170-7375-8

Ⅰ.①实… Ⅱ.①邢… ②于… Ⅲ.①运筹学-高等学校-教材 Ⅳ.①O22

中国版本图书馆 CIP 数据核字（2019）第 016317 号

书　　名	应用技术型高等教育"十三五"精品规划教材 **实用运筹学（第二版）SHIYONG YUNCHOUXUE**
作　　者	主编 邢育红 于晋臣
出版发行	中国水利水电出版社 （北京市海淀区玉渊潭南路 1 号 D 座 100038） 网址：www.waterpub.com.cn E—mail：sales@waterpub.com.cn 电话：（010）68367658（营销中心）
经　　售	北京科水图书销售中心（零售） 电话：（010）88383994、63202643、68545874 全国各地新华书店和相关出版物销售网点
排　　版	北京智博尚书文化传媒有限公司
印　　刷	三河市龙大印装有限公司
规　　格	170mm×240mm　16 开本　13.25 印张　252 千字
版　　次	2014 年 8 月第 1 版 2019 年 1 月第 2 版　2019 年 1 月第 1 次印刷
印　　数	0001—3000 册
定　　价	36.00 元

凡购买我社图书，如有缺页、倒页、脱页的，本社营销中心负责调换

第二版前言

运筹学是 20 世纪 40 年代发展起来的一门应用学科,是管理科学和现代化管理方法的重要组成部分,主要运用科学方法尤其是数学方法研究现实世界中各种运行系统的最优化问题,目的是为决策者提供科学的决策依据. 随着管理科学和计算机技术的发展,运筹学已广泛应用于国防、工业、农业、交通运输业、商业、政府机关等各个部门和领域. 运筹学课程已逐渐成为管理科学、系统科学、工程管理、交通运输、物流工程等专业的专业基础课.

运筹学是一门应用性很强的课程,对于应用领域的实际问题,建立的数学模型大多比较复杂,人工计算要耗费大量的时间,很难得出最优解. 随着计算机技术的普及,利用软件求解运筹学中的计算问题势在必行. 另一方面,社会发展对应用型人才提出了更高需求,越来越多的运筹学教师意识到,运筹学的教学应以引导学生在理解运筹学基本理论和方法的基础上提升学生的实践应用能力为首要目标.

本书是第二版,从总体上保持了第一版的基本体系与特点. 根据教学需要,增加线性规划的图解法、非线性规划的内容,去掉了决策论,更换了部分例题. 在系统介绍运筹学的基本原理、基本思想、基本方法的同时,更注重于培养学生解决实际问题的能力. 本书的特色主要体现在以下几个方面:

(1) 力求深入浅出,通俗易懂. 本书侧重点在于讲清楚运筹学的基本思想、方法、分析问题的思路,语言表达和内容选择上力求做到深入浅出,通俗易懂,避免烦琐的理论推导和计算,适于教学和自学.

(2) 传承经典,强调应用. 作为教材,本书在内容的选择、例题的安排等方面尽量选用运筹学的经典实例和实践中最常见的运筹学问题,同时吸收了近年来出现的一些最新应用成果.

(3) 注重学生实践能力的训练. 每章末配置了与实际应用相关的习题以及与本章内容联系紧密的案例,便于读者理解、巩固书中内容,提高解决实际问题的能力.

(4) 应用 Lingo 软件. 为了让读者实现用最快捷的方法解决问题,本书应用 Lingo 软件作为解决问题的工具. Lingo 软件操作比较简单,语言易学易用,演示版可以在 Lingo 公司网站免费获取,方便教师和学生使用.

本书各个部分内容具有一定的独立性,可根据专业所侧重的应用领域以及具体教学目的,有选择地组织教学内容.

全书共分 8 章,包括线性规划、运输问题、整数规划、目标规划、非线性规划、动态规划、图与网络分析、排队论. 编写工作的具体分工如下:于晋臣编写了第 1 至 4 章,邢育红编写了第 5 至 8 章. 全书由于晋臣、邢育红统稿.

在编写过程中，参考了大量文献，直接或间接引用了他们的部分成果，我们表示深深的谢意！山东交通学院教务处、理学院的领导与同事对本书的编写给予了热情的支持与指导，在此表示衷心的感谢！

限于编者水平有限，书中难免有不当或疏漏之处，敬请广大读者批评指正.

编　者

2018 年 12 月

目　录

第 1 章　线性规划 ……………………………………………………………………………… 1

　1.1　线性规划问题及其数学模型 ………………………………………………………… 1

　　1.1.1　引例 ……………………………………………………………………………… 1

　　1.1.2　线性规划模型的一般形式 …………………………………………………… 4

　　1.1.3　建立线性规划模型的步骤 …………………………………………………… 5

　1.2　线性规划问题的图解法 ………………………………………………………………… 5

　　1.2.1　图解法的步骤 …………………………………………………………………… 5

　　1.2.2　线性规划问题求解的几种可能结果 ………………………………………… 7

　　1.2.3　图解法的几点说明 ……………………………………………………………… 8

　1.3　线性规划模型的标准形 ………………………………………………………………… 9

　1.4　线性规划问题解的概念 ………………………………………………………………… 10

　1.5　线性规划的对偶问题 …………………………………………………………………… 12

　　1.5.1　对偶问题的提出 ………………………………………………………………… 12

　　1.5.2　原问题与对偶问题的关系 …………………………………………………… 13

　　1.5.3　影子价格 ………………………………………………………………………… 14

　1.6　线性规划问题的求解 …………………………………………………………………… 15

　　1.6.1　线性规划问题的 Lingo 求解 ………………………………………………… 15

　　1.6.2　用 Lingo 软件进行灵敏度分析 ……………………………………………… 19

　1.7　线性规划的应用 ………………………………………………………………………… 23

　习题 1 …………………………………………………………………………………………… 30

　案例分析 ………………………………………………………………………………………… 37

第 2 章　运输问题 …………………………………………………………………………… 39

　2.1　运输问题及其数学模型 ………………………………………………………………… 39

　　2.1.1　引例 ……………………………………………………………………………… 39

　　2.1.2　运输问题数学模型的一般形式 ……………………………………………… 40

　2.2　运输问题的求解 ………………………………………………………………………… 41

　　2.2.1　运输问题解的特点 ……………………………………………………………… 41

　　2.2.2　运输问题的 Lingo 求解 ……………………………………………………… 42

　2.3　运输问题悖论 …………………………………………………………………………… 48

　2.4　运输问题的应用 ………………………………………………………………………… 51

　　2.4.1　短缺资源的分配问题 …………………………………………………………… 51

　　2.4.2　生产调度问题 …………………………………………………………………… 52

　　2.4.3　转运问题 ………………………………………………………………………… 55

　习题 2 …………………………………………………………………………………………… 56

　案例分析 ………………………………………………………………………………………… 62

第 3 章　整数规划 …………………………………………………………………………… 65

　3.1　整数规划问题及其数学模型 …………………………………………………………… 65

3.1.1 引言 ·· 65

3.1.2 整数规划问题的分类 ······························ 65

3.1.3 整数规划问题的数学模型 ······················ 65

3.2 整数规划问题的求解 ····································· 72

3.2.1 整数规划问题解的特点 ·························· 72

3.2.2 整数规划问题的 Lingo 求解 ··················· 72

3.3 整数规划的应用 ·· 76

3.3.1 下料问题 ··· 76

3.3.2 选址问题 ··· 78

3.3.3 连续投资问题 ····································· 80

习题 3 ··· 82

案例分析 ·· 86

第 4 章 目标规划 ·· 88

4.1 目标规划问题及其数学模型 ····························· 88

4.2 目标规划问题的求解 ····································· 91

4.3 目标规划的应用 ·· 94

4.3.1 生产计划问题 ····································· 94

4.3.2 图书销售问题 ····································· 95

4.3.3 升级调资问题 ····································· 97

4.3.4 运输问题 ··· 99

习题 4 ··· 101

案例分析 ·· 104

第 5 章 非线性规划 ··· 106

5.1 非线性规划问题及其数学模型 ·························· 106

5.1.1 引言 ·· 106

5.1.2 非线性规划问题的一般模型 ···················· 107

5.1.3 非线性规划问题的两种特殊情况 ··············· 107

5.2 非线性规划问题的求解 ·································· 109

5.2.1 非线性规划问题解的特点 ······················ 109

5.2.2 非线性规划问题的 Lingo 求解 ················· 109

5.3 非线性规划模型的应用 ·································· 111

5.3.1 最优投资组合问题 ······························· 111

5.3.2 最优选址问题 ····································· 117

习题 5 ··· 120

案例分析 ·· 123

第 6 章 动态规划 ·· 125

6.1 动态规划的研究对象 ····································· 125

6.1.1 多阶段决策问题简介 ···························· 125

6.1.2 多阶段决策问题的典型实例 ···················· 125

6.2 动态规划的基本概念与最优化原理 ···················· 127

6.2.1　动态规划的基本概念 ·················· 127
6.2.2　动态规划的最优化原理 ·················· 129
6.3　动态规划的模型及求解 ·················· 130
6.3.1　动态规划模型的建立 ·················· 130
6.3.2　动态规划的求解方法 ·················· 130
6.3.3　动态规划的 Lingo 求解 ·················· 131
6.4　动态规划应用举例 ·················· 133
6.4.1　资源分配问题 ·················· 133
6.4.2　机器负荷分配问题 ·················· 136
习题 6 ·················· 138
案例分析 ·················· 140

第 7 章　图与网络分析 ·················· 141
7.1　图的基本概念 ·················· 141
7.2　最小树问题 ·················· 144
7.2.1　最小树的定义 ·················· 144
7.2.2　最小树的求法 ·················· 145
7.2.3　用 Lingo 软件求解最小树问题 ·················· 145
7.2.4　最小树的应用 ·················· 148
7.3　最短路问题 ·················· 149
7.3.1　引例 ·················· 149
7.3.2　求最短路问题的算法 ·················· 149
7.3.3　用 Lingo 软件求解最短路问题 ·················· 153
7.3.4　最短路的应用 ·················· 159
7.4　最大流问题 ·················· 161
7.4.1　基本概念 ·················· 162
7.4.2　寻求最大流的标号法—— Ford-Fulkerson 标号法 ·················· 164
7.4.3　用 Lingo 软件求解最大流问题 ·················· 167
7.4.4　最大流问题拓展 ·················· 169
7.4.5　最大流问题应用举例 ·················· 170
习题 7 ·················· 172
案例分析 ·················· 177

第 8 章　排队论 ·················· 179
8.1　排队论的基本概念 ·················· 179
8.1.1　排队系统的描述 ·················· 179
8.1.2　排队系统的基本组成 ·················· 181
8.1.3　排队系统的符号表示与分类 ·················· 183
8.1.4　主要数量指标和记号 ·················· 183
8.1.5　排队论研究的问题与李特尔公式 ·················· 185
8.2　泊松输入——指数服务排队模型 ·················· 186
8.2.1　$M/M/s/\infty$系统 ·················· 186

8.2.2　M/M/s/r 系统 ……………………………………………… 189

8.3　排队系统的最优化问题 ……………………………………………… 192

8.3.1　M/M/1/∞系统的最优平均服务率 μ^* …………………………… 192

8.3.2　M/M/s/∞系统的最优服务台数 s^* ……………………………… 193

8.4　Lingo 软件求解排队模型 …………………………………………… 195

8.4.1　M/M/s 排队模型的基本参数及应用举例 ……………………… 195

8.4.2　M/M/s/r 排队模型应用举例 …………………………………… 197

习题 8 ……………………………………………………………………… 200

案例分析 …………………………………………………………………… 201

参考文献 …………………………………………………………………… 204

第 1 章

线性规划

本章学习目标

- 了解线性规划模型的特点
- 理解线性规划解的概念
- 理解线性规划的对偶问题
- 熟练掌握线性规划问题的软件求解
- 熟练掌握线性规划的几个典型应用

1.1 线性规划问题及其数学模型

1.1.1 引例

本节将举两个简单实例，说明如何根据实际问题经过抽象来建立线性规划的数学模型.

1. 生产计划问题

例 1.1.1 某工厂在计划期内要安排生产 A、B 两种产品，已知生产单位产品所需设备台时及对甲、乙两种原材料的消耗，有关数据如表 1-1 所示. 问：应如何安排生产计划，使工厂获利最大？

表 1-1　生产单位产品所需设备台时及对甲、乙两种原材料的消耗

资源	A	B	可用资源
设备/台时	1	2	8
甲/kg	4	0	16
乙/kg	0	4	12
单位利润/百元	3	5	

解　现在建立这个问题的数学模型.

设 x_1、x_2 分别为计划期内 A、B 两种产品的产量，z 为这两种产品的总利润，根据题意，显然有

$$z = 3x_1 + 5x_2$$

使总利润 z 达到最大是该厂追求的目标，因此称上式为**目标函数**，而变量 x_1、x_2 的值需要该厂进行决策，故称为**决策变量**.

由于生产 A、B 两种产品所需设备台时和对甲、乙两种原料的消耗分别不超过 8 台时和 16 kg、12 kg，则决策变量 x_1、x_2 的值需满足：

$$x_1 + 2x_2 \leqslant 8, \quad 4x_1 \leqslant 16, \quad 4x_2 \leqslant 12$$

由于这三个不等式的左边都是关于变量 x_1、x_2 的函数，因此称之为**函数约束**.

又因 A、B 两种产品的产量不能为负值，故 x_1、x_2 的取值还须满足以下限制条件：

$$x_1 \geqslant 0, \quad x_2 \geqslant 0$$

称之为**非负性约束**.

函数约束与非负性约束统称为**约束条件**.

这样，该问题的数学模型可归结为：在上述约束条件下，确定变量 x_1，x_2 的数值，使目标函数的函数值达到最大.

因此，该问题的数学模型可表示为

$$\max z = 3x_1 + 5x_2$$

$$\text{s. t.} \begin{cases} x_1 + 2x_2 \leqslant 8 & (1) \\ 4x_1 \leqslant 16 & (2) \\ 4x_2 \leqslant 12 & (3) \\ x_1, \ x_2 \geqslant 0 & (4) \end{cases}$$

其中，max 是英文 maximize（最大化）的缩写；s. t. 是英文 subject to（服从于，受约束于）的缩写.

一般的生产计划问题可描述如下：

某企业拟用 m 种资源 A_1，A_2，$\cdots$，A_m 生产 n 种产品 B_1，B_2，$\cdots$，B_n. 已知第 i 种资源的数量为 b_i，每生产一个单位第 j 种产品所消耗的第 i 种资源的数量为 a_{ij}，每单位第 j 种产品售出后所得利润为 c_j. 问：该企业应如何拟定生产计划才能使总利润最大？

设 x_j 为第 j 种产品 B_j 的产量（$j = 1, 2, \cdots, n$），z 为总利润，则有下面的数学模型：

$$\max z = \sum_{j=1}^{n} c_j x_j$$

$$\text{s. t.} \begin{cases} \displaystyle\sum_{j=1}^{n} a_{ij} x_j \leqslant b_i & (i = 1, 2, \cdots, m) \\ x_j \geqslant 0 & (j = 1, 2, \cdots, n) \end{cases}$$

2. 食谱问题

例 1.1.2 某医院的一位特需病人每天需要从食物中获取 2 500 kJ 热量、60 g 蛋白质和 900 mg 钙. 如果市场上只有 4 种食品可供选择，它们每千克所含的热量、营养成分和市场价格见表 1—2. 问医院应如何选购才能在满足营养需求的前提下使购买食品的费用最小？

表1-2 4种食品每千克所含的热量、营养成分和市场价格

表1-2 4种食品每千克所含的热量、营养成分和市场价格

食品	热量/(kJ/kg)	蛋白质/(g/kg)	钙/(mg/kg)	价格/(元/kg)
鸡肉	1 000	50	400	15
鸡蛋	800	60	200	8
大米	900	20	300	6
白菜	200	10	500	2
每天需要量	≥2 500	≥60	≥900	

解 该类问题通常称为食谱问题，也称为营养配餐问题.

（1）确定决策变量. 设 x_i（$i=1$ 为鸡肉，$i=2$ 为鸡蛋，$i=3$ 为大米，$i=4$ 为白菜）为第 i 种食品的购买数量（kg）.

（2）确定约束条件. 由病人对食物热量、蛋白质和钙的最低要求可以确定下面的约束条件：

$$1\,000x_1+800x_2+900x_3+200x_4 \geqslant 2\,500 \text{（热量约束）}$$

$$50x_1+60x_2+20x_3+10x_4 \geqslant 60 \text{（蛋白质约束）}$$

$$400x_1+200x_2+300x_3+500x_4 \geqslant 900 \text{（钙约束）}$$

$$x_1,\ x_2,\ x_3,\ x_4 \geqslant 0 \text{（各食品购买量不能为负）}$$

（3）确定目标函数. 本问题的目标是购买食品的费用为最小，而总费用为

$$15x_1+8x_2+6x_3+2x_4$$

所以，目标函数为

$$z=15x_1+8x_2+6x_3+2x_4$$

从而，可得该问题的数学模型为

$$\min z=15x_1+8x_2+6x_3+2x_4$$

$$\text{s. t.} \begin{cases} 1\,000x_1+800x_2+900x_3+200x_4 \geqslant 2\,500 \\ 50x_1+60x_2+20x_3+10x_4 \geqslant 60 \\ 400x_1+200x_2+300x_3+500x_4 \geqslant 900 \\ x_1,\ x_2,\ x_3,\ x_4 \geqslant 0 \end{cases}$$

其中，min 是英文 minimize（最小化）的缩写.

一般的食谱问题可描述如下：

有 n 种食品，每种食品中含有 m 种营养成分. 已知第 j（$j=1,2,\cdots,n$）种食品单价为 c_j，每天最大供量为 d_j；而每单位第 j 种食品所含第 i（$i=1$，$2,\cdots,m$）种养分的数量为 a_{ij}. 假定某种生物每天对第 i 种营养成分的需求量至少为 b_i，对第 j 种食品的摄入量不少于 e_j，而每天进食数量限制在

$[h_1, h_2]$范围内. 试求该生物的食谱, 既可以保证该生物的营养需求, 又能使总成本最小.

设 x_j 为每天提供给该生物食用的第 j 种食品的数量, 则该问题的模型可表示为

$$\min z = \sum_{j=1}^{n} c_j x_j$$

$$\text{s. t.} \begin{cases} \sum_{j=1}^{n} a_{ij} x_j \geqslant b_i \\ h_1 \leqslant \sum_{j=1}^{n} x_j \leqslant h_2 \\ e_j \leqslant x_j \leqslant d_j (i = 1, 2, \cdots, m; j = 1, 2, \cdots, n) \end{cases}$$

1.1.2 线性规划模型的一般形式

通过对上述两个例子的具体分析, 可发现这类问题的共同特征如下:

(1) 每一个问题都可以用一组变量来表示某一方案, 这组变量的定值就代表一个具体方案. 这组变量的取值往往要求非负, 常常将其称为决策变量.

(2) 存在有关的数据, 同决策变量构成互不矛盾的约束条件, 这些约束条件都可以表示为决策变量的线性等式或不等式.

(3) 都有一个要求达到的目标, 这个目标可以表示为关于决策变量的线性函数, 通常称为目标函数. 按所考虑问题的不同, 可要求目标函数实现最大化或最小化.

满足以上三个条件的数学模型称为线性规划 (Linear Programming, LP) 的数学模型. 其一般形式为

$$\max(\min)z = c_1 x_1 + c_2 x_2 + \cdots + c_n x_n \tag{1.1.1}$$

$$\text{s. t.} \begin{cases} a_{11} x_1 + a_{12} x_2 + \cdots + a_{1n} x_n \leqslant (=, \geqslant) b_1 \\ a_{21} x_1 + a_{22} x_2 + \cdots + a_{2n} x_n \leqslant (=, \geqslant) b_2 \\ \qquad\qquad\qquad \vdots \\ a_{m1} x_1 + a_{m2} x_2 + \cdots + a_{mn} x_n \leqslant (=, \geqslant) b_m \end{cases} \tag{1.1.2}$$

$$x_j \geqslant (\leqslant) 0 \text{ 或 } x_j \text{自由 } (j = 1, 2, \cdots, n) \tag{1.1.3}$$

式 (1.1.1) 为**最优化目标函数**, 其中 $z = c_1 x_1 + c_2 x_2 + \cdots + c_n x_n$ 称为**目标函数**; 式 (1.1.2) 称为**函数约束**; 式 (1.1.3) 中的 $x_j \geqslant 0$ 称为**非负性约束**, $x_j \leqslant 0$ 称为**非正性约束**; 式 (1.1.2)、式 (1.1.3) 统称为**约束条件**; $x_j (j = 1, 2, \cdots, n)$ 称为**决策变量**. 一般说来, 满足式 (1.1.2) 和式 (1.1.3) 的解 $\boldsymbol{X} = (x_1, x_2, \cdots, x_n)^{\mathrm{T}}$ 有无穷多个, 求解线性规划问题的目的就是从中找出一个能满足式 (1.1.1) 的解, 作为该线性规划问题的最终决策.

a_{ij}、b_i、c_j 称为线性规划模型的参数, 它们对于任一确定的线性规划模型

都是常数. 其中，a_{ij} 为技术系数，表示变量 x_j 取值为一个单位时所消耗的第 i 种资源的数量；b_i 为限额系数，表示第 i 种资源的拥有量；c_j 为价值系数，表示实际问题中的利润、产值、成本等价值.

综上所述，决策变量、目标函数和约束条件是线性规划模型的三要素，其中后两者都是关于前者的线性表达式；而线性规划模型就是由最优化的目标函数和约束条件这两部分构成的.

1.1.3 建立线性规划模型的步骤

总结 1.1.1 节中对实际问题建立数学模型的过程，可以得到一般线性规划问题建立模型的步骤如下：

（1）理解要解决的问题，即弄清楚在满足什么条件下实现什么目标.

（2）定义决策变量，即用一组变量（x_1，x_2，$\cdots$，x_n）来表示解决问题的所有方案. 一旦该组变量的值确定了，就代表一个具体的方案，对于大多数实际问题而言，变量的取值通常非负.

（3）列出约束条件，即将解决问题过程中所必须遵循的约束条件表示为决策变量的线性等式或不等式.

（4）确定目标函数，即将问题所追求的目标表示为决策变量的线性函数，并根据实际问题的不同，将该函数最大化或最小化.

1.2 线性规划问题的图解法

图解法是指借助于几何图形来求解线性规划问题的一种方法. 这种方法简单直观，有助于领会线性规划的基本性质以及线性规划问题求解的基本原理.

1.2.1 图解法的步骤

下面以例 1.1.1 来说明图解法求解的过程.

1. 图示约束条件，确定可行域

例 1.1.1 的非负性约束

$$x_1, \ x_2 \geqslant 0 \tag{4}$$

代表以 x_1 为横轴、以 x_2 为纵轴的直角坐标系的第一象限，首先画出它的图形，并适当选取单位坐标长度. 显然，满足该约束条件的解（对应坐标系中的一个点）均在第一象限内.

例 1.1.1 的三个函数约束为

$$x_1 + 2x_2 \leqslant 8 \tag{1}$$

$$4x_1 \leqslant 16 \tag{2}$$

$$4x_2 \leqslant 12 \tag{3}$$

先就式（1）说明这类约束图形的画法．

取式（1）的等式，得到

$$x_1 + 2x_2 = 8 \qquad\qquad (5)$$

容易得到该直线的两个点，（8，0）和（0，4），过这两点画一条直线，即为式（1）的边界．取原点（0，0）作为参照点，代入式（1）左端，得 $0 + 2 \times 0 = 0 \leqslant 8$，满足式（1），这说明原点是式（1）所代表图形内的一点．由此可以断定：式（1）的图形为其边界式（5）及其左下方（包含原点）的区域．

类似地，可以分别画出式（2）、式（3）所表示的区域．同时满足式（1）～式（4）的点为图 1—1 中凸多边形 $OABCD$ 所包含的区域（用阴影线标示），即为例 1.1.1 的可行域．

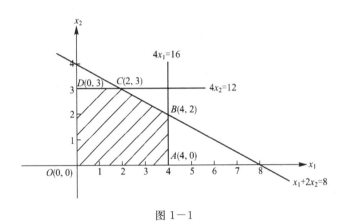

图 1—1

区域 $OABCD$（包括其边界）上的每一点，都是例 1.1.1 的线性规划模型的一个解，称为**可行解**．区域 $OABCD$ 是该线性规划模型解的集合，称为**可行域**．

2. 图示目标函数

由于 z 是一个要优化的目标函数值，若随 z 的变化，由小到大适当地给 z 赋值，如令 $z=0$，15，30，45，… 可得到一族斜率为 $\left(-\dfrac{3}{5}\right)$ 的平行直线，由于位于同一直线上的点均具有相同的目标函数值，因而这族平行直线通常称为**等值线**，如图 1—2 所示．取 z 的两个不同的值，画出两条平行线，再垂直于它们画一直线，取 z 值沿该直线递增的方向（$z = 3x_1 + 5x_2$ 的梯度方向），即为 z 值增加最快的方向（在图 1—2 中指向右上方）．

3. 确定最优解

最优解是可行域中使目标函数达到最优的点，由于例 1.1.1 的目标要求为取最大，因此需要沿 $z = 3x_1 + 5x_2$ 的梯度方向平行移动直线．当代表目标函数 $z = 3x_1 + 5x_2$ 的那条直线由原点开始向右上方移动时，z 值逐渐增大，一直

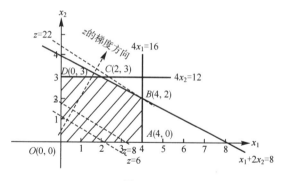

图 1—2

移动到代表目标函数的那条直线与约束条件形成的凸多边形 $OABCD$ 相切时为止，切点（B 点）就是代表最优解的点（图 1—2）. 此时，若再继续向右上方移动，z 值虽然仍然可以继续增大，但在代表目标函数的直线上找不出一个点位于约束条件形成的凸多边形内部或边界上.

例 1.1.1 中，代表目标函数的直线与凸多边形的切点是**最优点** B，该点坐标可由求解直线方程 $x_1 + 2x_2 = 8$ 和 $4x_1 = 16$ 得到，为 $(x_1, x_2) = (4, 2)$. 将其代入目标函数，算出相应于最优点 B 的目标函数值

$$z = 3x_1 + 5x_2 = 3 \times 4 + 5 \times 2 = 22.$$

最优点的坐标值称为**最优解**，简称为**解**，记为 $\boldsymbol{X}^* = (x_1^*, x_2^*)^\mathrm{T}$；$\boldsymbol{X}^*$ 对应的目标函数值称为**最优值**，记为 z^*. 例 1.1.1 的最优解 $\boldsymbol{X}^* = (4, 2)^\mathrm{T}$，最优值 $z^* = 22$，即最优生产方案为：生产 A 产品 4 件，B 产品 2 件，工厂获得最大利润为 22 百元.

1.2.2　线性规划问题求解的几种可能结果

对一般的线性规划问题，求解结果可能出现以下四种情况.

1. 唯一最优解

线性规划问题具有唯一最优解，是指该线性规划问题有且仅有一个既在可行域内、又使目标值达到最优的解. 上例中求解得到问题的最优解是**唯一**的，就属于这种情况.

2. 无穷多最优解（多重最优解）

线性规划问题具有无穷多最优解，是指该线性规划问题有无穷多个既在可行域内又使目标值达到最优的解.

若将例 1.1.1 中的目标函数变为求 $\max z = 2x_1 + 4x_2$，则表示目标函数中以参数 z 的这族平行直线与约束条件 $x_1 + 2x_2 \leqslant 8$ 的边界线平行. 当 z 值由小变大时，将与线段 BC 重合. 线段 BC 上任意一点都使 z 取得相同的最大值，该线性规划问题此时有无穷多最优解（多重最优解）.

3. 无界解

线性规划问题具有无界解，是指最大化问题中的目标函数值可以无限增大，或最小化问题中的目标函数值可以无限减小.

对下述线性规划问题

$$\max z = 3x_1 + 2x_2$$

$$\text{s. t.} \begin{cases} -2x_1 + x_2 \leqslant 2 \\ x_1 - 3x_2 \leqslant 3 \\ x_1, \ x_2 \geqslant 0 \end{cases}$$

用图解法求解结果如图 1-3 所示. 从图 1-3 中可以看出，该问题可行域无界，目标函数值可以增大到无穷大. 这种情况即为无界解.

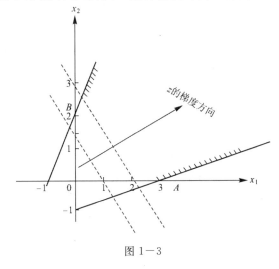

图 1-3

4. 无可行解

线性规划问题无可行解，是指线性规划问题中的约束条件不能同时满足，可行域不存在.

如果在例 1.1.1 的数学模型中增加一个约束条件 $-2x_1 + x_2 \geqslant 4$，该问题的可行域为空集，此时没有可行解，更不存在最优解.

其中，唯一最优解和无穷多最优解为**有最优解**，无界解和无可行解为**无最优解**. 当线性规划问题无最优解时，求解结果必为无界解和无可行解两种情形之一，此时，线性规划问题的数学模型肯定有错误：前者缺乏必要的约束条件，后者是有矛盾的约束条件（资源条件满足不了人们的要求），建模时应予以注意.

1.2.3　图解法的几点说明

应用图解法时，需要注意以下几点：

（1）图解法是求解二维线性规划问题（问题只有两个决策变量）最简单

的解法，但是对三维以上的线性规划问题却不适用.

（2）若线性规划模型中存在等式约束，则其代表的区域仅为一直线，此时可行域若存在的话必然在此直线上.

（3）当线性规划问题的可行域非空时，它是有界或无界凸多边形. 若线性规划问题存在最优解，它一定在可行域的某个顶点得到；若在两个顶点同时得到最优解，则它们连线上的任意一点都是最优解，即有无穷多最优解.

1.3 线性规划模型的标准形

由于目标函数和约束条件内容上的差别，线性规划问题有各种不同的形式. 例如，就目标函数而言，有的要求最大化，有的要求最小化；就函数约束而言，有 $\leqslant$，$=$，$\geqslant$ 三种形式；而决策变量，有的要求非负，有的要求非正，还有的无此要求. 这种多样性不仅给研究带来不便，而且难以寻找一种通用解法. 为了便于讨论和制定统一的算法，规定线性规划问题的标准形式如下：

$$\max z = c_1 x_1 + c_2 x_2 + \cdots + c_n x_n$$

$$\text{s. t.} \begin{cases} a_{11} x_1 + a_{12} x_2 + \cdots + a_{1n} x_n = b_1 \\ a_{21} x_1 + a_{22} x_2 + \cdots + a_{2n} x_n = b_2 \\ \qquad\qquad\qquad \vdots \\ a_{m1} x_1 + a_{m2} x_2 + \cdots + a_{mn} x_n = b_m \\ x_1, \ x_2, \ \cdots, \ x_n \geqslant 0 \end{cases}$$

标准形式的线性规划模型中，目标函数为求最大值，函数约束全为等式，约束条件右端常数项 b_i 全为非负值，变量 x_j 的取值全为非负值.

有时为方便起见，也将上述方程组形式的标准形用矩阵描述：

$$\max z = \boldsymbol{C}^{\mathrm{T}} \boldsymbol{X}$$

$$\text{s. t.} \begin{cases} \boldsymbol{A} \boldsymbol{X} = \boldsymbol{b} \\ \boldsymbol{X} \geqslant 0 \end{cases}$$

其中，

$$\boldsymbol{C} = \begin{bmatrix} c_1 \\ c_2 \\ \vdots \\ c_n \end{bmatrix}, \ \boldsymbol{A} = \begin{bmatrix} a_{11} & a_{12} & \cdots & a_{1n} \\ a_{21} & a_{22} & \cdots & a_{2n} \\ \vdots & \vdots & & \vdots \\ a_{m1} & a_{m2} & \cdots & a_{mn} \end{bmatrix}, \ \boldsymbol{X} = \begin{bmatrix} x_1 \\ x_2 \\ \vdots \\ x_n \end{bmatrix}, \ \boldsymbol{b} = \begin{bmatrix} b_1 \\ b_2 \\ \vdots \\ b_m \end{bmatrix}, \ \boldsymbol{0} = \begin{bmatrix} 0 \\ 0 \\ \vdots \\ 0 \end{bmatrix}.$$

下面讨论如何将非标准形线性规划问题变换为标准形的问题.

（1）若目标函数要求为最小化，即 $\min z = \boldsymbol{C}^{\mathrm{T}} \boldsymbol{X}$. 这时只需将目标函数最小化变换为目标函数最大化，即令 $z' = -z$，于是得到 $\max z' = -\boldsymbol{C}^{\mathrm{T}} \boldsymbol{X}$. 这就同标准形的目标函数的形式一致了.

（2）约束条件的右端项 $b_i < 0$ 时，只需将等式或不等式两端同乘（-1）

即可.

（3）约束条件为不等式. 当约束条件为"$\leqslant$"时，可在不等式的左端加入一个非负松弛变量，把原"$\leqslant$"不等式变为等式；当约束条件为"$\geqslant$"时，可在不等式的左端减去一个非负剩余变量，把原"$\geqslant$"不等式变为等式. 松弛变量或剩余变量在实际问题中分别表示未被充分利用的资源和超出的资源数，均未转化为价值和利润，所以引进模型后它们在目标函数中的系数均为零.

（4）若存在取值无约束的变量 x_k，可令 $x_k=x_k'-x_k''$，其中 x_k'，$x_k''\geqslant 0$.

（5）对 $x_k\leqslant 0$ 的情况，令 $x_k'=-x_k$，显然 $x_k'\geqslant 0$.

下面举例说明.

例 1.3.1 将下述线性规划问题化为标准形.

$$\min z=x_1+2x_2+3x_3$$
$$\text{s. t.}\begin{cases}x_1+2x_2-x_3\leqslant 15\\2x_1+3x_2-x_3\geqslant 16\\-x_1-x_2+x_3\geqslant -12\\x_1\geqslant 0,\ x_3\leqslant 0\end{cases}$$

解 上述问题中令 $z'=-z$，$x_2=x_2'-x_2''$，其中 $x_2'\geqslant 0$，$x_2''\geqslant 0$，$x_3'=-x_3$，则可得该问题的标准形式如下：

$$\max z'=-x_1-2x_2'+2x_2''+3x_3'$$
$$\text{s. t.}\begin{cases}x_1+2x_2'-2x_2''+x_3'+x_4=15\\2x_1+3x_2'-3x_2''+x_3'-x_5=16\\x_1+x_2'-x_2''+x_3'+x_6=12\\x_1,\ x_2',\ x_2'',\ x_3',\ x_4,\ x_5,\ x_6\geqslant 0\end{cases}$$

1.4 线性规划问题解的概念

在讨论线性规划问题的求解前，先来了解一下线性规划问题解的概念.

设线性规划的标准形为

$$\max z=\boldsymbol{C}^{\mathrm{T}}\boldsymbol{X} \tag{1.4.1}$$
$$\text{s. t.}\begin{cases}\boldsymbol{A}\boldsymbol{X}=b & (1.4.2)\\\boldsymbol{X}\geqslant 0 & (1.4.3)\end{cases}$$

式中，$\boldsymbol{A}$ 为 $m\times n$ 矩阵，$m\leqslant n$ 并且假定 $r(\boldsymbol{A})=m$，显然 $\boldsymbol{A}$ 中至少有一个 $m\times m$ 子矩阵 $\boldsymbol{B}$，使得 $r(\boldsymbol{B})=m$.

1. 可行解

满足约束条件式（1.1.2）、式（1.1.3）的向量 $\boldsymbol{X}=(x_1,\ x_2,\ \cdots,\ x_n)^{\mathrm{T}}$，称为线性规划问题的可行解. 所有可行解构成的集合称为可行域.

2. 最优解

满足式（1.1.1）的可行解称为最优解，即使得目标函数达到最大值的可行解就是最优解.

3. 基

A 中 $m \times m$ 子矩阵 B 满足 $r(B) = m$，则称 B 是线性规划问题的一个基矩阵（简称基）. 当 $m = n$ 时，基矩阵唯一；当 $m < n$ 时，基矩阵可能有多个，但数量不会超过 C_n^m.

4. 基向量、非基向量、基变量、非基变量

设线性规划问题的系数矩阵为

$$A = \begin{bmatrix} a_{11} & a_{12} & \cdots & a_{1m} & \cdots & a_{1n} \\ \vdots & \vdots & \vdots & \vdots & \vdots & \vdots \\ a_{m1} & a_{m2} & \cdots & a_{mm} & \cdots & a_{mn} \end{bmatrix} = (\boldsymbol{P}_1, \boldsymbol{P}_2, \cdots, \boldsymbol{P}_m, \cdots, \boldsymbol{P}_n)$$

由基的定义可知，若 B 是线性规划问题的一个基，则 B 由 m 个线性无关的列向量组成. 不失一般性，可设

$$B = \begin{bmatrix} a_{11} & a_{12} & \cdots & a_{1m} \\ \vdots & \vdots & \vdots & \vdots \\ a_{m1} & a_{m2} & \cdots & a_{mm} \end{bmatrix} = (\boldsymbol{P}_1, \boldsymbol{P}_2, \cdots, \boldsymbol{P}_m)$$

称 $\boldsymbol{P}_j (j = 1, 2, \cdots, m)$ 为基向量，与基向量 $\boldsymbol{P}_j$ 对应的变量 $x_j (j = 1, 2, \cdots, m)$ 为基变量；称 $P_j (j = m+1, m+2, \cdots, n)$ 为非基向量，变量 $x_j (j = m+1, m+2, \cdots, n)$ 为非基变量.

5. 基本解

对某一确定的基 B，令非基变量等于零，利用式（1.4.2）求得基变量，则这组解称为基 B 的基本解（也称基解）. 若基本解中有一个或更多个基变量取值为零，则称之为退化基本解.

6. 基本可行解

满足非负性约束（1.4.3）的基本解，称为基本可行解（也称基可行解）. 若它是退化的，则称之为退化基本可行解.

7. 最优基本解

最优解对应的基本解称为最优基本解.

8. 可行基

基本可行解对应的基称为可行基. 上述线性规划问题具有基本解的数目最多是 C_n^m 个. 一般基本可行解的数目要小于基解的数目.

9. 最优基

最优基本解对应的基称为最优基.

以上给出了线性规划问题解的概念和定义，它们将有助于分析线性规划问题的求解过程.

1.5　线性规划的对偶问题

1.5.1　对偶问题的提出

在 1.1 节例 1.1.1 中讨论了生产计划问题及其数学模型，下面从另一角度来讨论这个问题．

假设该工厂的决策者决定不生产产品 A、B，而把原拟用于生产这两种产品的所有资源出售．这时工厂的决策者就要考虑如何给每种资源定价的问题．

就设备台时而言，由于每一台时的价格等于其成本加上所创造的利润，而台时成本为常数，故只需确定其所创利润．

设 y_1、y_2、y_3 分别为出售单位设备台时和单位原材料甲、乙的利润，w 为总利润（单位：百元）．

决策者在做定价决策时，会有如下考量：若用 1 个单位设备台时和 4 个单位原材料甲可以生产一件产品 A，可获利 3 百元，那么生产每件产品 A 的设备台时和原材料出让的所有收入应不低于生产一件产品 A 的利润，这就有

$$y_1 + 4y_2 \geqslant 3$$

同理，生产每件产品 B 的设备台时和原材料出让的所有收入应不低于一件产品 B 的利润，这就有

$$2y_1 + 4y_3 \geqslant 5$$

把工厂所有设备台时和原材料都出让，其总利润为

$$w = 8y_1 + 16y_2 + 12y_3$$

从工厂的决策者来看，固然 w 越大越好，但也不能要求目标为 $\max w$，因为这势必导致 $w \to \infty$，这显然是不现实的．从接受者来看，他支付的越少越好，况且为了竞争市场，商品售价也不宜定得过高，所以工厂的决策者只能在满足大于等于所有产品的利润前提下，提出一个尽可能低的出让价格，才能实现其意愿．

从而，工厂的资源定价模型可描述为

$$\min w = 8y_1 + 16y_2 + 12y_3$$

$$\text{s. t.} \begin{cases} y_1 + 4y_2 \geqslant 3 \\ 2y_1 + 4y_3 \geqslant 5 \\ y_1, \ y_2, \ y_3 \geqslant 0 \end{cases}$$

显然，这是一个线性规划数学模型，称其为例 1.1.1 线性规划问题（原问题）的对偶问题．

上面两个线性规划有着重要的经济含义．原问题考虑的是充分利用现有资源，以产品的数量和单位产品的利润来决定企业的总利润，没有考虑到资源的价格．但实际在构成产品的利润中，不同的资源对利润的贡献也不同，

它是企业生产过程中一种隐含的潜在价值，经济学中称为**影子价格**.

1.5.2 原问题与对偶问题的关系

原问题与对偶问题的关系见表 1－3.

表 1－3 原问题与对偶问题的关系

项目	原问题（或对偶问题）	对偶问题（或原问题）	备注
目标要求	max↔min		
规范不等式约束的式号	≤	≥	
系数阵	$(a_{ij})_{m\times n}$	$(a_{ji})_{n\times m}$	
函数约束与变量	第 k 个约束↔第 k 个变量 约束个数＝变量个数 第 k 个右端常数＝第 k 个价值系数		$k=i$ 或 j $i=1,2,\cdots,m$ $j=1,2,\cdots,n$
	（非）规范不等式约束↔非负（正）变量 等式约束↔自由变量		

记住上述表格中的对应关系，能够很容易地直接写出任一线性规划问题的对偶问题.

例 1.5.1 试求下述线性规划问题的对偶问题

$$\min z=2x_1+3x_2-5x_3+x_4 \tag{1}$$

$$\text{s. t.}\begin{cases}x_1+x_2-3x_3+x_4\geqslant 5 & (2)\\ 2x_1+2x_3-x_4\leqslant 4 & (3)\\ x_2+x_3+x_4=6 & (4)\\ x_1\leqslant 0;\ x_2,\ x_3\geqslant 0 & (5)\end{cases}$$

解 由于上式目标要求为 min，故其对偶问题目标要求必为 max；又式（2）对应 y_1，式（3）对应 y_2，式（4）对应 y_3，且式（2）～式（4）的右端常数就是对偶问题目标函数的系数，故易得对偶问题的目标函数：

$$\max w=5y_1+4y_2+6y_3$$

又由 x_1 的系数可得对偶问题的第一个约束：

$$y_1+2y_2\geqslant 2$$

其中的不等号"≥"是由 $x_1\leqslant 0$ 决定的. 因为 x_1 为非正变量，故它对应非规范不等式约束，而对偶问题的目标要求为 max，故与之相应的"≥"号为非规范，从而就确定上式为"≥"形式的约束.

再由 $x_2,x_3\geqslant 0$，而非负变量对应规范不等式约束，且与自身目标相反的"≤"号为规范，故由 x_2,x_3 的系数可得对偶问题的第二、第三个约束：

$$y_1 + y_3 \leqslant 3$$
$$-3y_1 + 2y_2 + y_3 \leqslant -5$$

又由 x_4 自由知其对应等式约束，于是由 x_4 的系数可得对偶问题的第四个约束：

$$y_1 - y_2 + y_3 = 1$$

最后，由该问题的目标要求 min 可知：式（2）为规范不等式约束，它对应非负变量 $y_1 \geqslant 0$；式（3）为非规范不等式约束，它对应非正变量 $y_2 \leqslant 0$；而等式约束式（4）对应自由变量 y_3，于是有

$$y_1 \geqslant 0, \quad y_2 \leqslant 0$$

综上，可得上述问题的对偶问题为

$$\max w = 5y_1 + 4y_2 + 6y_3$$

$$\text{s. t.} \begin{cases} y_1 + 2y_2 \geqslant 2 \\ y_1 + y_3 \leqslant 3 \\ -3y_1 + 2y_2 + y_3 \leqslant -5 \\ y_1 - y_2 + y_3 = 1 \\ y_1 \geqslant 0, \quad y_2 \leqslant 0 \end{cases}$$

1.5.3 影子价格

通常情况下，将对偶问题最优解中决策变量 y_i^* 的值称为**影子价格**，表示第 i 种资源的边际价值，即当第 i 种资源单独增加一个单位时，相应的目标值的增量，其经济意义是在其他条件不变的情况下，单位资源变化所引起的目标函数最优值的变化.

需要注意的是，影子价格是与原问题的约束条件相联系的，而不是与变量相联系的.

影子价格随具体情况而异，在完全市场经济条件下，可用来对以下两种经济活动进行分析：

（1）调节生产规模. 若目标函数表示利润（或产值），当某种资源的影子价格大于零（或高于市场价格）时，表示增加该种资源有利可图，企业应买进该资源用于扩大生产；而当影子价格等于零（或低于市场价格）时，说明该种资源不能增加收益，这时企业的决策者不应增加该资源或将剩余资源卖掉. 可见影子价格对市场有调节作用.

（2）生产要素对产出的贡献. 通过影子价格可以大致估计出每种资源获得多少产出.

影子价格是企业生产过程中资源的一种隐含的潜在价值，表明单位资源的贡献，与市场价格是两个不同的概念. 同一种资源在不同的企业、生产不同的产品或在不同时期影子价格都不一样. 资源的市场价格是已知的，相对

比较稳定，而它的影子价格则依赖于资源的利用情况，是未知的．所以，系统内部资源数量和价格的任何变化都会引起影子价格的变化，即企业的生产任务、产品结构等情况一旦发生变化，资源的影子价格一般会随之改变．从这种意义上讲，影子价格是一种动态价格；从另一个角度讲，资源的影子价格实际上是一种机会成本．例如，就同一种原材料而言，无论对于哪一个购买者，其市场价格都是相同的，然而，当购买者购买了原材料以后，如果用于生产的产品不同，其影子价格（此时为产值）肯定是不同的．

1.6　线性规划问题的求解

　　线性规划问题的求解，通常所用的方法称为单纯形法．单纯形法是著名的美国运筹学家丹茨格于 1947 年首创的一种求解线性规划问题的通用有效算法．数十年来的计算实践表明，单纯形法只需很少的迭代次数就能求得最优解．用单纯形法求解线性规划问题要借助于单纯形表来完成．然而，当变量个数和约束个数比较多时，用单纯形表来求解就会非常困难，甚至无法进行．

　　鉴于此，本节介绍如何用计算机软件求解线性规划问题．目前求解线性规划问题的计算机软件大致分为三类．第一类是大规模的软件包，如 Matlab、Mathematica 等，可以用来解决复杂的、包含数千个决策变量和数千个约束条件的大型线性规划问题．一些用手工的方式几年甚至几十年都解决不了的问题，用这种软件包只需要几分钟就可以解决．第二类是用 Microsoft Excel "规划求解" 模块来求解线性规划问题．这个模块在 Excel 2003 以上的版本中都已封装，但未使用前没有激活的模块，使用时只需激活一次，就可以长期使用．第三类是用于微型计算机的软件包，如 Lingo、Lindo 等，这类软件包使用前必须先用专门的程序进行安装．本节介绍如何使用 Lingo 软件求解线性规划问题．

1.6.1　线性规划问题的 Lingo 求解

　　Lingo 是求解优化问题的一个专业工具软件，它包含了内置的建模语言，允许用户以简练、直观的形式描述较大规模的优化模型，对于模型中所需要的数据可以以一定的格式保存在独立的文件中，读取方便快捷．

　　利用 Lingo 软件求解线性规划问题，可以免去大量烦琐的计算，使得原先只有专家学者和数学工作者才能掌握的运筹学中的线性规划模型成为广大管理工作者与技术人员的一个有效、方便、常用的工具，从而有效地解决了管理和工程中的优化问题．

　　Lingo 软件求解线性规划的过程采用单纯形法，一般是首先寻求一个可行解，在有可行解的情况下再寻求最优解．需要注意的是，如果用 Lingo 软件求解具有多重最优解的问题，只能求得其中的一个最优解．

下面介绍用 Lingo 软件求解线性规划问题的基本方法.

例 1.6.1 用 Lingo 软件求解例 1.1.1，即求解线性规划问题

$$\max z = 3x_1 + 5x_2$$

$$\text{s. t.} \begin{cases} x_1 + 2x_2 \leqslant 8 \\ 4x_1 \leqslant 16 \\ 4x_2 \leqslant 12 \\ x_1, \ x_2 \geqslant 0 \end{cases}$$

解 写出相应的 Lingo 程序如下：

max = 3 * x1 + 5 * x2;

x1 + 2 * x2< = 8;

4 * x1< = 16;

4 * x2< = 12;

程序中的 max 表示求最大（求最小用 min），每个语句必须用分号（;）结束.

从该程序可以看出，Lingo 程序与线性规划模型没有太大的差别，只是少写了变量的非负限制，这是由于 Lingo 中已假设所有的变量都是非负的，所以非负约束不必再输入计算机中.

在 Windows 版的 Lingo 系统中，从 Lingo 菜单下选用 Solve 命令，则可以得到如下结果：

Global optimal solution found.

Objective value：   22.00000

Total solver iterations：   1

Variable	Value	Reduced Cost
X1	4.000000	0.000000
X2	2.000000	0.000000
Row	Slack or Surplus	Dual Price
1	22.00000	1.000000
2	0.000000	2.500000
3	0.000000	0.1250000
4	4.000000	0.000000

从而，可得生产计划如下：生产 A 产品 4 件，B 产品 2 件，可获得最大利润. 最大利润为 22（百元）.

在上述计算结果中，共有三个部分：第一部分有 3 行，第 1 行表示已求出全局最优解；第 2 行表示最优目标函数值，即 $z^* = 22$；第 3 行是求解用的迭代次数，即迭代了 1 次.

第二部分有 3 列：第 1 列，Variable 表示变量名，这里是 x_1，x_2；第 2 列，Value 表示在最优解处变量的取值，这里是 4，2；第 3 列，Reduced Cost

（简约价格）本质上是检验数，在数值上等于检验数乘-1，由于x_1，x_2是基变量，所以它们对应的检验数为 0.

第三部分也有 3 列：第 1 列，Row 表示行，第 1 行是目标，第 2～4 行是问题的 3 个约束条件；第 2 列，Slack or Surplus 表示松弛变量或剩余变量，其中，第 3 个约束中的松弛变量取值为 4；第 3 列，Dual Price 表示对偶价格，即影子价格.

为了便于将程序推广到可求解一般的线性规划问题，下面采用集、目标与约束段、数据段的编写方式，程序如下：

```
model：
sets：
row/1..3/:b；
arrange/1..2/:c,x；
link(row,arrange):A；
endsets
max = @sum(arrange:c * x)；
@for(row(i)：
   @sum(arrange(j):A(i,j) * x(j))< = b(i))；
data：
b = 8,16,12；
c = 3,5；
A = 1,2,
4,0,
0,4；
enddata
end
```

可以看到这个输入以"model："开始，以"end"结束，它们之间的语句可以分成三个部分.

（1）集定义部分（从"sets："到"endsets"）：定义集及其属性，它有 3 列，分别用"/"隔开. 第 1 列表示集的名称，第 2 列表示集的成员，第 3 列是集的属性（在程序中需要用到的变量）.

（2）目标与约束段：给出优化目标和约束. 这部分主要是定义问题的目标函数和约束条件. 目标函数（"max＝"后面所求的表达式）是用求和函数的方式定义的，这里@sum（arrange：c * x）相当于$\sum_{j=1}^{2} c_j x_j$. 而

```
@for(row(i)：
   @sum(arrange(j):A(i,j) * x(j))< = b(i))；
```

相当于

$$\sum_{j=1}^{2} a_{ij} x_j \leqslant b_i,\ i = 1,\ 2,\ 3$$

（3）数据段部分（从"data:"到"enddata"）：为程序提供数据. 其作用是对在集部分定义的属性赋值. 注意所赋值必须都是具体数值，数据和数据之间可以用逗号分开，也可以用空格分开，效果等价.

选用 Solve 命令，对该线性规划问题求解，可以得到如下结果：

Global optimal solution found.

Objective value:		22.00000
Total solver iterations:		1

Variable	Value	Reduced Cost
B(1)	8.000000	0.000000
B(2)	16.00000	0.000000
B(3)	12.00000	0.000000
C(1)	3.000000	0.000000
C(2)	5.000000	0.000000
X(1)	4.000000	0.000000
X(2)	2.000000	0.000000
A(1,1)	1.000000	0.000000
A(1,2)	2.000000	0.000000
A(2,1)	4.000000	0.000000
A(2,2)	0.000000	0.000000
A(3,1)	0.000000	0.000000
A(3,2)	4.000000	0.000000

Row	Slack or Surplus	Dual Price
1	22.00000	1.000000
2	0.000000	2.500000
3	0.000000	0.1250000
4	4.000000	0.000000

采用通用程序编写的好处是，只需更改相应的数据，就可以对所有的线性规划问题进行求解.

例 1.6.2 用 Lingo 软件求解例 1.1.2，即求解线性规划问题

$$\min z = 15x_1 + 8x_2 + 6x_3 + 2x_4$$

$$\text{s. t.} \begin{cases} 1\,000x_1 + 800x_2 + 900x_3 + 200x_4 \geqslant 2\,500 \\ 50x_1 + 60x_2 + 20x_3 + 10x_4 \geqslant 60 \\ 400x_1 + 200x_2 + 300x_3 + 500x_4 \geqslant 900 \\ x_1,\ x_2,\ x_3,\ x_4 \geqslant 0 \end{cases}$$

解 编写 Lingo 程序如下：

min = 15 * x1 + 8 * x2 + 6 * x3 + 2 * x4;

1000 * x1 + 800 * x2 + 900 * x3 + 200 * x4> = 2500;

50 * x1 + 60 * x2 + 20 * x3 + 10 * x4> = 60;

400 * x1 + 200 * x2 + 300 * x3 + 500 * x4> = 900;

计算结果如下：

Global optimal solution found.

Objective value：		17. 00000
Total solver iterations：		3

Variable	Value	Reduced Cost
X1	0. 000000	6. 500000
X2	0. 8333333E – 01	0. 000000
X3	2. 666667	0. 000000
X4	0. 1666667	0. 000000

Row	Slack or Surplus	Dual Price
1	17. 00000	– 1. 000000
2	0. 000000	– 0. 5000000E – 02
3	0. 000000	– 0. 6428571E – 01
4	0. 000000	– 0. 7142857E – 03

因而，可得选购方案如下：不购买鸡肉，购买鸡蛋 0.083 333 33 kg，购买大米 2.666 667 kg，购买白菜 0.166 666 7 kg，既能满足病人的需要，又能使购买食品总费用达到最小，最小费用为 17 元.

可以发现，本问题的计算结果中，影子价格为负值，这是因为目标要求取最小的缘故. 例如，就热量而言，每减少一个单位热量，可以节约成本 0.005 元.

1.6.2 用 Lingo 软件进行灵敏度分析

前面讨论的线性规划问题中，都假定 a_{ij}，b_i，c_j 是已知常数. 但实际上这些系数往往是一些估计和预测的数字，如随着市场条件变化，c_j 值就会变化，a_{ij} 随工艺技术条件的改变而改变，而 b_i 值则是根据资源投入后能产生多大经济效果来决定的一种决策选择. 因此就会提出以下问题：当这些参数中的一个或几个发生变化时，问题的最优解会有什么变化，或者这些参数在一个多大范围内变化时，问题的最优解不变. 这就是灵敏度分析所要研究解决的问题.

使用 Lingo 软件可以方便地对线性规划模型求解并进行灵敏度分析. 灵敏度分析是在求解模型时做出的，因此在求解模型时灵敏度分析应是激活状态，但默认不是激活的．为了激活灵敏度分析，运行 Lingo/Options…，选择 General Solver 标签，在 Dual Computations 列表框中，选择 Prices&Ranges 选项．

下面看一个应用实例．

例 1.6.3 一奶制品加工厂用牛奶生产 A_1、A_2 两种奶制品，1 桶牛奶可以在甲车间用 12 h 加工成 3 kg A_1，或者在乙车间用 8 h 加工成 4 kg A_2．根据市场需求，生产出的 A_1、A_2 能全部售出，且每千克 A_1 获利 24 元，每千克 A_2 获利 16 元．已知每天加工厂能得到 50 桶牛奶的供应，工人每天总的劳动时间为 520 h，并且甲车间的设备每天至多能加工 120 kg A_1，乙车间设备的加工能力可以认为没有上限限制（加工能力足够大）．试为该厂制订一个生产计划，使每天获利最大，并进一步讨论以下 3 个附加问题：

(1) 若用 35 元可以买到 1 桶牛奶，是否做这项投资？若投资，每天最多购买多少桶牛奶？

(2) 若可以聘用临时工人以增加劳动时间，付给临时工人的工资最多是每小时多少元？

(3) 由于市场需求变化，每千克 A_1 的获利增加到 30 元，是否应该改变生产计划？

问题分析：

这个问题的目标是使每天的获利最大，要做的决策是生产计划，即每天用多少桶牛奶生产 A_1，用多少桶牛奶生产 A_2．

决策受到 3 个条件的限制：原料（牛奶）供应、劳动时间、甲车间的加工能力．按照题目所给，将决策变量、目标函数和约束条件用数学符号及式子表示出来，就可得到该问题的模型．

基本模型：

决策变量：设每天用 x_1 桶牛奶生产 A_1，用 x_2 桶牛奶生产 A_2．

目标函数：设每天获利为 z（元）．x_1 桶牛奶可生产 $3x_1$（kg）A_1，获利 $24 \times 3x_1$ 元，x_2 桶牛奶可生产 $4x_2$（kg）A_2，获利 $16 \times 4x_2$，故 $z = 72x_1 + 64x_2$．

约束条件：

原料供应：生产 A_1、A_2 的原料（牛奶）总量不得超过每天的供应，即 $x_1 + x_2 \leqslant 50$；

劳动时间：生产 A_1、A_2 的总加工时间不得超过每天正式工人总的劳动时间，即

$$12x_1 + 8x_2 \leqslant 520.$$

设备能力：A_1 的产量不得超过甲车间设备每天的加工能力，即 $3x_1 \leqslant 120$.

非负约束：x_1、x_2 均不能为负值，即 $x_1 \geqslant 0$，$x_2 \geqslant 0$．

综上可得该问题的线性规划模型为

$$\max z = 72x_1 + 64x_2$$

$$\text{s. t.} \begin{cases} x_1 + x_2 \leqslant 50 \\ 12x_1 + 8x_2 \leqslant 520 \\ 3x_1 \leqslant 120 \\ x_1 \geqslant 0, \ x_2 \geqslant 0 \end{cases}$$

编写 Lingo 程序如下：

max = 72 * x1 + 64 * x2；

x1 + x2< = 50；

12 * x1 + 8 * x2< = 520；

3 * x1< = 120；

求解这个模型，并激活灵敏度分析，可得如下结果：

Global optimal solution found.

Objective value：   3440.000

Total solver iterations：   2

Variable	Value	Reduced Cost
X1	30.00000	0.000000
X2	20.00000	0.000000

Row	Slack or Surplus	Dual Price
1	3440.000	1.000000
2	0.000000	48.00000
3	0.000000	2.000000
4	30.00000	0.000000

Ranges in which the basis is unchanged：

Objective Coefficient Ranges：

Variable	Current Coefficient	Allowable Increase	Allowable Decrease
X1	72.00000	24.00000	8.000000
X2	64.00000	8.000000	16.00000

Righthand Side Ranges：

Row	Current RHS	Allowable Increase	Allowable Decrease
2	50.00000	15.00000	5.000000
3	520.0000	40.00000	120.0000
4	120.0000	INFINITY	30.00000

可以看出，这个线性规划模型的最优解为 $x_1^* = 30$，$x_2^* = 20$，最优值为

$z^* = 3\,440$，即用 30 桶牛奶生产 A_1，20 桶牛奶生产 A_2，可获最大利润 3 440 元.

灵敏度分析结果：

上面的输出中除了给出问题的最优解和最优值以外，还有许多对分析结果有用的信息，下面结合题目中提出的 3 个附加问题给予说明.

（1）3 个约束条件的右端不妨看作 3 种"资源"：原料、劳动时间、甲车间设备的加工能力. 输出中 Slack or Surplus 给出这 3 种资源在最优解下是否有剩余：原料、劳动时间的剩余均为零（约束为紧约束），甲车间设备尚余 30 kg 加工能力（不是紧约束）.

（2）目标函数可以看作"效益"，成为紧约束的"资源"一旦增加，"效益"必然跟着增长. 输出中 Dual Price 给出这 3 种资源在最优解下"资源"增加 1 个单位时"效益"的增量：原材料增加 1 个单位（1 桶牛奶）时利润增长 48 元，劳动时间增加 1 个单位（1 h）时利润增长 2 元，而增加非紧约束甲车间设备的能力显然不会使利润增长. 这里"效益"的增量可以看作"资源"的潜在价值，经济学上称为**影子价格**，即 1 桶牛奶的影子价格为 48 元，1 h 劳动的影子价格为 2 元，甲车间设备的生产能力的影子价格为零.

（3）可以用直接求解的办法验证上面的结论，即将输入文件中的第二行右端的 50 改为 51，得到的最优值（利润）恰好增长 48 元.

用影子价格的概念很容易回答附加问题（1）：用 35 元可以买到 1 桶牛奶，低于 1 桶牛奶的影子价格，当然应该做这项投资.

关于附加问题（2）：聘用临时工人以增加劳动时间，付给的工资低于劳动时间的影子价格才可以增加利润，所以工资最多是 2 元/h.

关于附加问题（3）：目标函数的系数发生变化时（假定约束条件不变），最优解和最优值会改变吗？这个问题不能简单地回答.

上面的输出结果中 Ranges in which the basis is unchanged 部分给出了最优基不变条件下目标函数系数的允许变化范围：x_1 的系数范围为 $[72-8,\ 72+24] = [64, 96]$；$x_2$ 的系数范围为 $[64-16,\ 64+8] = [48, 72]$. 注意：$x_1$ 系数的允许范围需要 x_2 的系数 64 不变，反之亦然. 由于目标函数系数的变化并不影响约束条件，因此此时最优基不变可以保证最优解也不变，但最优值变化. 用这个结果很容易回答附加问题（3）：若每千克 A_1 的获利增加到 30 元，则 x_1 系数变为 $30 \times 3 = 90$，恰在允许范围内，所以不应改变生产计划，但最优值变为 3 980.

下面对"资源"的影子价格做进一步分析.

影子价格的作用（在最优解下"资源"增加 1 个单位时"效益"的增量）是有限制的. 每增加 1 桶牛奶利润增长 48 元（影子价格），但是，从上面输出中可以看出，约束的右端项（Current RHS）的"允许增加"（Allowable

Increase）和"允许减少"（Allowable Decrease）给出了影子价格有意义条件下约束右端的限制范围（因为此时最优基不变，所以影子价格才有意义；如果最优基已经变了，那么结果中给出的影子价格也就不正确了）.

具体对本例来说：牛奶最多增加 15 桶，劳动时间最多增加 40 h.

对于附加问题（1）的第 2 问，虽然应该批准用 35 元买 1 桶牛奶的投资，但每天最多购买 15 桶牛奶.

顺便指出，可以用低于 2 元/h 的工资聘用临时工人以增加劳动时间，但最多增加 40 h.

需要注意的是：灵敏度分析给出的只是最优基保持不变的充分条件，而不一定是必要条件. 比如对于上面的问题，"牛奶最多增加 15 桶"的含义只能是"牛奶增加 15 桶"时最优基保持不变，所以影子价格有意义，即利润的增加大于牛奶的投资. 反过来，牛奶增加超过 15 桶，最优基是否一定改变？影子价格是否一定没有意义？一般来说，这是不能直接从灵敏度分析报告中得到的. 此时，应该重新用新数据求解线性规划模型，才能做出判断，所以严格来说，上面回答"牛奶最多增加 15 桶"并不是完全科学的.

1.7 线性规划的应用

应用线性规划解决经济、管理领域的实际问题，最重要的一步是建立实际问题的线性规划模型. 这是一项技巧性很强的创造性工作，既要求对研究的问题有深入了解，又要求很好地掌握线性规划模型的结构特点，并具有较强的对实际问题进行数学描述的能力.

通常来说，一个经济、管理问题满足以下条件时才能适用线性规划模型：

（1）实际问题所要求达到的目标能用数值指标的线性函数来表示.

（2）存在多种实现目标的可行方案.

（3）要实现的目标受到一定条件的制约，而这些条件均能用线性方程（等式或不等式）描述.

对满足上述条件的实际问题，能否成功地应用线性规划加以解决，关键在于能否恰当地建立其模型，简称建模. 由于实际问题的复杂性，这往往是最困难的工作.

对于经过概括、抽象而简化了的实际问题，一般可按照决策变量、约束条件、目标函数的次序，逐步建立其线性规划模型. 其中决策变量的选取至关重要，模型的好坏以及成败与否，将在很大程度上取决于决策变量如何选定. 因此，恰当地设定决策变量是建模的首要环节.

此外，对于一些比较复杂的线性规划问题，为了揭示各个因素之间的内在联系，通常需要把问题的背景数据资料首先进行归类综合，然后再建立其数学模型.

线性规划的应用非常广泛，下面通过一些例子来阐述如何将一些实际问题归结为线性规划的数学模型.

1. 排班问题

例 1.7.1 某昼夜服务的公交线路每天各时间区段内所需司机和乘务人员数如表 1—4 所示.

表 1—4 各时间区段内所需司机和乘务人员数

班次	时间	所需人数/人
1	6:00—10:00	60
2	10:00—14:00	70
3	14:00—18:00	60
4	18:00—22:00	50
5	22:00—2:00	20
6	2:00—6:00	30

设司机和乘务人员分别在各时间区段一开始时上班，并连续工作 8 h，问该公交线路至少配备多少名司机和乘务人员.

解 这是一个典型的排班问题.

（1）决策变量. 本问题要做的决策是确定不同班次的人数. 设 x_i 为第 i 班次配备的司机和乘务人员人数（$i=1$，2，3，4，5，6）.

（2）约束条件. 每个班次的在岗人数必须不少于最少需要的人数. 从而有

$$x_6 + x_1 \geqslant 60$$
$$x_1 + x_2 \geqslant 70$$
$$x_2 + x_3 \geqslant 60$$
$$x_3 + x_4 \geqslant 50$$
$$x_4 + x_5 \geqslant 20$$
$$x_5 + x_6 \geqslant 30$$

人数显然不能为负，因而

$$x_i \geqslant 0 \quad (i=1，2，3，4，5，6)$$

（3）目标函数. 本问题的目标是配备司乘人员最少，即

$$\min z = \sum_{i=1}^{6} x_i$$

由此得出该问题数学模型如下：

$$\min z = \sum_{i=1}^{6} x_i$$

$$\text{s. t.} \begin{cases} x_6 + x_1 \geqslant 60 \\ x_1 + x_2 \geqslant 70 \\ x_2 + x_3 \geqslant 60 \\ x_3 + x_4 \geqslant 50 \\ x_4 + x_5 \geqslant 20 \\ x_5 + x_6 \geqslant 30 \\ x_i \geqslant 0 \quad (i = 1, 2, 3, 4, 5, 6) \end{cases}$$

Lingo 求解结果如下：第 1 班次需人数 60 名，第 2 班次需人数 10 名，第 3 班次需人数 50 名，第 5 班次需人数 30 名，第 4 班次和第 6 班次不用安排人手，此时所需总人数最少，为 150 名.

2. 产品配套问题

例 1.7.2 某厂生产一种产品，由 3 个 A_1 零件和 4 个 A_2 零件配套组装而成. 已知该厂有 B_1、B_2 两种机床可用于加工上述两种零件，每种机床的台数以及每台机床每个工作日全部用于加工某一种零件的最大产量（件/d）如表 1－5 所示. 试求该产品产量最大的生产方案.

表 1－5　每种机床的台数以及每台机床每个工作日全部用于加工某一种零件的最大产量

机床种类	机床台数/台	每台机床产量/(件/d)	
		A_1	A_2
B_1	5	27	40
B_2	8	15	36

解　该题不是单纯要求两种零件产量越大越好，而是要求每个工作日按 3：4 的比例生产出来的 A_1、A_2 零件的套数达到最大.

（1）决策变量. 设以 x_{ij} 表示 $B_i(i=1, 2)$ 机床每个工作日加工 $A_j(j=1, 2)$ 零件的时间（单位：工作日），z 为 A_1、A_2 零件按 3：4 的比例配套的数量（套/d）.

（2）约束条件.

工时约束：

$$x_{11} + x_{12} = 1$$

$$x_{21} + x_{22} = 1$$

配套约束：显然，原问题等价于表 1－6.

表 1－6　每种机床日产量

机床种类	每种机床产量/(件/d)	
	A_1	A_2
B_1	135	200
B_2	120	288

据此可列出零件配套约束：

$$z = \min \left\{ \frac{1}{3}(135x_{11} + 120x_{21}), \ \frac{1}{4}(200x_{12} + 288x_{22}) \right\}$$

可等价写为下述形式：

$$z \leqslant \frac{1}{3}(135x_{11} + 120x_{21})$$

$$z \leqslant \frac{1}{4}(200x_{12} + 288x_{22})$$

即

$$z - 45x_{11} - 40x_{21} \leqslant 0$$

$$z - 50x_{12} - 72x_{22} \leqslant 0$$

（3）目标函数．该问题的目标是 A_1、A_2 零件按 3∶4 的比例配套的数量达到最大，即

$$\max z$$

则该问题的线性规划模型为

$$\max z$$

$$\text{s. t.} \begin{cases} x_{11} + x_{12} = 1 \\ x_{21} + x_{22} = 1 \\ z - 45x_{11} - 40x_{21} \leqslant 0 \\ z - 50x_{12} - 72x_{22} \leqslant 0 \\ z, \ x_{11}, \ x_{12}, \ x_{21}, \ x_{22} \geqslant 0 \end{cases}$$

Lingo 求解结果如下：B_1 机床 0.942 个工作日用于加工 A_1 零件，0.058 个工作日用于加工 A_2 零件；B_2 机床 0.29 个工作日用于加工 A_1 零件，0.71 个工作日用于加工 A_2 零件，此时 A_1、A_2 零件按 3∶4 的比例配套生产的该产品产量达到最大，共计 54 套.

一般产品配套问题可描述如下：

某厂用 m 种机床 A_1，A_2，$\cdots$，A_m 加工制造 n 种零件 B_1，B_2，$\cdots$，B_n，并用来组装一种产品．组装一套产品需要 λ_j 个 B_j 零件（$j = 1$，2，$\cdots$，n），机床 A_i 每个工作日可加工 B_j 零件 a_{ij} 个（$i = 1$，2，$\cdots$，m）．应如何分配机床负荷才能使生产的产品最多？

设 x_{ij} 为机床 A_i 每天加工 B_j 零件的时间（单位：工作日），z 为每个工作日按比例 $\lambda_1 : \lambda_2 : \cdots : \lambda_n$ 加工出来的 n 种零件的套数．则该问题的线性规划模型为

$$\max z$$

$$\text{s. t.} \begin{cases} \displaystyle\sum_{j=1}^{n} x_{ij} = 1 \\ z - \dfrac{1}{\lambda_j} \displaystyle\sum_{i=1}^{m} a_{ij} x_{ij} \leqslant 0 \\ x_{ij} \geqslant 0 \ (i = 1, \ 2, \ \cdots, \ m; \ j = 1, \ 2, \ \cdots, \ n) \end{cases}$$

3. 生产计划问题

下面介绍一个复杂些的生产计划问题.

例 1.7.3 某厂生产 I、II、III 三种产品, 都分别经 A、B 两道工序加工. 设 A 工序可分别在设备 A_1 或 A_2 上完成, 有 B_1、B_2、B_3 三种设备可用于完成 B 工序. 已知产品 I 可在任何一种设备上加工; 产品 II 可在任何规格的 A 设备上加工, 但完成 B 工序时, 只能在 B_1 设备上加工; 产品 III 只能在 A_2 与 B_2 设备上加工. 加工单位产品所需工序时间及其他各项数据如表 1—7 所示, 试安排最优生产计划, 使该厂获利最大.

表 1—7 加工单位各产品所需工序时间及其他数据

设备	各产品所需时间/台时			设备有效台时	设备加工费/(元/台时)
	I	II	III		
A_1	5	10		6 000	0.05
A_2	7	9	12	10 000	0.03
B_1	6	8		4 000	0.06
B_2	4		11	7 000	0.11
B_3	7			4 000	0.05
原料费/(元/件)	0.25	0.35	0.50		
售价/(元/件)	1.25	2.00	2.80		

解 (1) 决策变量. 设产品 I、II、III 的产量分别为 x_1, x_2, x_3 件.

显然, 产品有 6 种加工方案, 分别利用设备 (A_1, B_1)、(A_1, B_2)、(A_1, B_3)、(A_2, B_1)、(A_2, B_2)、(A_2, B_3), 各方案加工的产品 I 数量用 x_{11}, x_{12}, x_{13}, x_{14}, x_{15}, x_{16} 表示; 产品 II 有 2 种加工方案, 即 (A_1, B_1)、(A_2, B_1), 加工数量用 x_{21}, x_{22} 表示; 产品 III 只有 1 种加工方案 (A_2, B_2), 加工数量恰为 x_3. 而

$$x_1 = x_{11} + x_{12} + x_{13} + x_{14} + x_{15} + x_{16}$$
$$x_2 = x_{21} + x_{22}$$

(2) 约束条件. 每台设备用于加工产品的台时数不能超过设备有效台时, 即

$$5x_{11} + 5x_{12} + 5x_{13} + 10x_{21} \leqslant 6\ 000$$
$$7x_{14} + 7x_{15} + 7x_{16} + 9x_{22} + 12x_3 \leqslant 10\ 000$$
$$6x_{11} + 6x_{14} + 8x_{21} + 8x_{22} \leqslant 4\ 000$$
$$4x_{12} + 4x_{15} + 11x_3 \leqslant 7\ 000$$
$$7x_{13} + 7x_{16} \leqslant 4\ 000$$

产品数量显然不能为负，所以有

$$x_{ij} \geqslant 0$$

（3）目标函数. 该问题的目标为获利最大，而利润为产品售价减去相应的原料费和设备加工费，设 z 为总利润，则有

$z=(1.25-0.25)(x_{11}+x_{12}+x_{13}+x_{14}+x_{15}+x_{16})+(2.0-0.35)(x_{21}+x_{22})+(2.80-0.50)x_3-0.05(5x_{11}+5x_{12}+5x_{13}+10x_{21})-0.03(7x_{14}+7x_{15}+7x_{16}+9x_{22}+12x_3)-0.06(6x_{11}+6x_{14}+8x_{21}+8x_{22})-0.11(4x_{12}+4x_{15}+11x_3)-0.05(7x_{13}+7x_{16})$

综上，可得该问题的线性规划模型如下：

$$
\max z = (1.25-0.25)(x_{11}+x_{12}+x_{13}+x_{14}+x_{15}+x_{16})+(2.0-0.35)\cdot
$$
$$
(x_{21}+x_{22})+(2.80-0.50)x_3-0.05(5x_{11}+5x_{12}+5x_{13}+10x_{21})-
$$
$$
0.03(7x_{14}+7x_{15}+7x_{16}+9x_{22}+12x_3)-0.06(6x_{11}+6x_{14}+8x_{21}+
$$
$$
8x_{22})-0.11(4x_{12}+4x_{15}+11x_3)-0.05(7x_{13}+7x_{16})
$$

$$
\text{s. t.}\begin{cases}
5x_{11}+5x_{12}+5x_{13}+10x_{21}\leqslant 6\,000 \\
7x_{14}+7x_{15}+7x_{16}+9x_{22}+12x_3\leqslant 10\,000 \\
6x_{11}+6x_{14}+8x_{21}+8x_{22}\leqslant 4\,000 \\
4x_{12}+4x_{15}+11x_3\leqslant 7\,000 \\
7x_{13}+7x_{16}\leqslant 4\,000 \\
x_3,\ x_{ij}\geqslant 0\ \text{且为整数}\ (i=1,\ 2;\ j=1,\ 2,\ 3,\ 4,\ 5,\ 6)
\end{cases}
$$

应用 Lingo 求解可得如下结果：生产产品 I 1 430 件，生产产品 II 500 件，生产产品 III 324 件，可获得最大利润为 1 190.41 元.

4. 配料问题

例 1.7.4 某化工厂要用甲、乙、丙三种原料混合配制出 A、B、C 三种不同的产品. 产品的规格要求、原料的供应量以及原料的单位价格如表 1—8 所示.

表 1—8　产品的规格要求、原料的供应量以及原料的单位价格

产品	各原料的供应量			利润/(元/kg)
	甲	乙	丙	
A	≥50%	≤25%	不限	65
B	≥25%	≤50%	不限	25
C	不限	不限	不限	30
最大供量/(kg/d)	100	150	120	

问该公司应如何安排生产，才能使总利润达到最大？

解　该问题为多种产品的配料问题，因此不能单独考虑每一产品的最经

济配料方案，而必须总体上考虑各产品的配方及产量，目标是使总成本达到最小.

本问题的难点在于给出的数据为非确定数值，而且各产品与原料的关系较为复杂. 为方便起见，设 x_{ij} 表示第 i（$i=1$ 为 A，$i=2$ 为 B，$i=3$ 为 C）种产品的日产量（kg）中所含第 j（$j=1$ 为甲，$j=2$ 为乙，$j=3$ 为丙）种原料的数量，则由规格要求，有

$$\frac{x_{11}}{x_{11}+x_{12}+x_{13}} \geqslant 0.5, \quad \frac{x_{12}}{x_{11}+x_{12}+x_{13}} \leqslant 0.25$$

$$\frac{x_{21}}{x_{21}+x_{22}+x_{23}} \geqslant 0.25, \quad \frac{x_{22}}{x_{21}+x_{22}+x_{23}} \leqslant 0.5$$

整理后，得到

$$-x_{11}+x_{12}+x_{13} \leqslant 0$$
$$-x_{11}+3x_{12}-x_{13} \leqslant 0$$
$$-3x_{21}+x_{22}+x_{23} \leqslant 0$$
$$-x_{21}+x_{22}-x_{23} \leqslant 0$$

由资源约束，有

$$x_{11}+x_{21}+x_{31} \leqslant 100$$
$$x_{12}+x_{22}+x_{32} \leqslant 150$$
$$x_{13}+x_{23}+x_{33} \leqslant 120$$

令 z 表示总利润，本问题要求总利润最大，因而目标函数可表示为

$$\max z = 65(x_{11}+x_{12}+x_{13}) + 25(x_{21}+x_{22}+x_{23}) + 30(x_{31}+x_{32}+x_{33})$$

综上所述，可得该问题的数学模型为

$$\max z = 65(x_{11}+x_{12}+x_{13}) + 25(x_{21}+x_{22}+x_{23}) + 30(x_{31}+x_{32}+x_{33})$$

$$\text{s. t.} \begin{cases} -x_{11}+x_{12}+x_{13} \leqslant 0 \\ -x_{11}+3x_{12}-x_{13} \leqslant 0 \\ -3x_{21}+x_{22}+x_{23} \leqslant 0 \\ -x_{21}+x_{22}-x_{23} \leqslant 0 \\ x_{11}+x_{21}+x_{31} \leqslant 100 \\ x_{12}+x_{22}+x_{32} \leqslant 150 \\ x_{13}+x_{23}+x_{33} \leqslant 120 \\ x_{ij} \geqslant 0 \ (i, j=1, 2, 3) \end{cases}$$

应用 Lingo 求解可得如下结果：每天生产产品 A 200 kg，分别用甲原料 100 kg 以及丙原料 100 kg 配制而成；生产产品 C 170 kg，分别用乙原料 150 kg 以及丙原料 20 kg 配制而成，这样每天总利润最大，为 18 100 元.

配料问题的一般提法为：要用 n 种原料 A_1，A_2，$\cdots$，A_n 配制具有 m 种成分 B_1，B_2，$\cdots$，B_m 的某产品，规定每一单位产品中所含第 i 种成分 B_i 的数

量不低于 $b_i(i=1, 2, \cdots, m)$. 原料 A_j 的单价为 c_j，最大供量为 d_j，每一单位原料 A_j 所含 B_i 成分的数量为 a_{ij}. 要求配成的产品总量不低于 e，则应如何配料，才能既满足需要又使总成本最低？

设 $x_j(j=1, 2, \cdots, n)$ 为配制该产品所用原料 A_j 的数量，z 为原料总成本，则该问题的数学模型为

$$\min z = \sum_{j=1}^{n} c_j x_j$$

$$\text{s. t.} \begin{cases} \dfrac{\displaystyle\sum_{j=1}^{n} a_{ij} x_j}{\displaystyle\sum_{j=1}^{n} x_j} \geqslant b_i \\ \displaystyle\sum_{j=1}^{n} x_j \geqslant e \\ 0 \leqslant x_j \leqslant d_j (i=1, 2, \cdots, m; j=1, 2, \cdots, n) \end{cases}$$

习题 1

1. 一家工厂制造 3 种产品，需要 3 种资源：技术服务、劳动力和行政管理. 表 1—9 列出了三种单位产品对每种资源的需要量.

表 1—9 3 种单位产品对每种资源的需要量

产品	每种资源需要量/h			单位利润/元
	技术服务	劳动力	行政管理	
1	1	10	2	10
2	1	4	2	6
3	1	5	6	4

现有 100 h 的技术服务、600 h 的劳动力和 300 h 的行政管理时间可供使用. 试确定能使总利润最大的生产方案.

2. 某工厂生产 A_1、A_2 两种新产品. 一件 A_1 产品需要在车间 1 加工 1 h，在车间 3 加工 2 h；一件 A_2 产品需在车间 2 和车间 3 各加工 2 h. 而车间 1、车间 2、车间 3 每周可用于生产这两种新产品的时间分别为 6 h、12 h 和 18 h. 已知每件产品 A_1 的利润为 300 元，每件产品 A_2 的利润为 500 元. 问该工厂如何安排这两种新产品的生产计划，才能使总利润最大（假定生产出的两种新产品能全部售出）？

3. 饲养场饲养某种动物，设每只动物每天至少需要 70 g 蛋白质、3 g 矿

物质、12 mg 维生素. 现有 5 种饲料可供选用，各种饲料每千克营养成分含量及单价见表 1—10.

表 1—10   各种饲料每千克营养成分含量及单价

饲料	蛋白质/g	矿物质/g	维生素/mg	价格/(元/kg)
1	3	1	0.6	2
2	2	0.5	1.2	8
3	1	0.3	0.1	3
4	6	2	2	4
5	17	0.6	0.9	9

试确定既能满足动物生长的营养要求，又能使费用最省的饲料选择方案.

4. 将下列线性规划问题化成标准形.

(1) $\min z = 2x_1 + 3x_2 + 7x_3$

$$\text{s. t.} \begin{cases} x_1 - x_2 + 4x_3 \geqslant -18 \\ -2x_1 + 7x_2 - 9x_3 = 12 \\ 19x_1 + 5x_2 + 7x_3 \leqslant 13 \\ x_1 \geqslant 0, \ x_2 \leqslant 0 \end{cases}$$

(2) $\min z = 3x_1 + 4x_2 + 2x_3 - x_4$

$$\text{s. t.} \begin{cases} 3x_1 - x_2 + x_3 \leqslant 7 \\ 4x_1 + x_2 + 6x_3 \geqslant 5 \\ -x_1 - x_2 + x_3 + 2x_4 = -1 \\ x_1 \geqslant 2, \ x_3 \geqslant 0 \end{cases}$$

5. 对下列线性规划问题找出所有基本解，指出哪些是基本可行解，并确定最优解.

(1) $\max z = 2x_1 + 3x_2 + 4x_3 + 7x_4$

$$\text{s. t.} \begin{cases} 2x_1 + 3x_2 - x_3 - 4x_4 = 8 \\ x_1 - 2x_2 + 6x_3 - 7x_4 = -3 \\ x_1, \ x_2, \ x_3, \ x_4 \geqslant 0 \end{cases}$$

(2) $\min z = 5x_1 - 2x_2 + 3x_3 - 6x_4$

$$\text{s. t.} \begin{cases} x_1 + 2x_2 + 3x_3 + 4x_4 = 7 \\ 2x_1 + x_2 + x_3 + 2x_4 = 3 \\ x_1, \ x_2, \ x_3, \ x_4 \geqslant 0 \end{cases}$$

6. 写出下列线性规划问题的对偶问题.

(1) $\max z = 2x_1 + x_2 + x_3$

$$\text{s. t.} \begin{cases} 6x_1 + x_2 + 3x_3 \leqslant 20 \\ x_1 + 5x_2 + 2x_3 \leqslant 30 \\ x_1, \ x_2, \ x_3 \geqslant 0 \end{cases}$$

(2) $\min z = 4x_1 + 3x_2 + 2x_3$

$$\text{s. t.} \begin{cases} x_1 + 2x_2 + 2x_3 \geqslant 220 \\ 4x_1 + x_2 + 5x_3 \geqslant 300 \\ x_1, \ x_2, \ x_3 \geqslant 0 \end{cases}$$

(3) $\min z = x_1 + 3x_2 + 5x_3$

$$\text{s. t.} \begin{cases} 3x_1 + 2x_2 + 4x_3 = 15 \\ 2x_1 + 7x_2 + 3x_3 = 25 \\ 9x_1 + 5x_2 + 8x_3 = 36 \\ x_1, \ x_2, \ x_3 \geqslant 0 \end{cases}$$

(4) $\max z = 5x_1 + 3x_2$

$$\text{s. t.} \begin{cases} 2x_1 - x_2 + 4x_3 \geqslant 2 \\ 3x_1 + x_2 - 5x_3 \geqslant 3 \\ 4x_1 - x_2 - 7x_3 \geqslant 1 \\ x_1, \ x_2, \ x_3 \geqslant 0 \end{cases}$$

7. 写出下列线性规划问题的对偶问题.

（1）$\min z = 2x_1 + 2x_2 + 4x_3$

$$\text{s. t.} \begin{cases} x_1 + 3x_2 + 4x_3 \geqslant 5 \\ 2x_1 + x_2 + 3x_3 \leqslant 2 \\ x_1 + 4x_2 + 3x_3 = 6 \\ x_1, \ x_2 \geqslant 0 \end{cases}$$

（2）$\max z = 5x_1 + 6x_2 + 2x_3$

$$\text{s. t.} \begin{cases} x_1 + 2x_2 + 2x_3 = 7 \\ -x_1 + 5x_2 - x_3 \geqslant 4 \\ 4x_1 + 7x_2 - 3x_3 \leqslant 9 \\ x_2 \geqslant 0, \ x_3 \leqslant 0 \end{cases}$$

（3）$\min z = 2x_1 + 3x_2 + 5x_3 - x_4$

$$\text{s. t.} \begin{cases} 3x_1 + 4x_2 + 5x_3 + 7x_4 = 17 \\ 2x_1 + 7x_2 + 3x_3 + 8x_4 \geqslant 19 \\ x_1 - 2x_2 + 5x_3 - 13x_4 \leqslant 15 \\ x_1 \geqslant 0, \ x_2 \leqslant 0, \ x_4 \geqslant 0 \end{cases}$$

（4）$\max z = 6x_1 + 11x_2 - 5x_4$

$$\text{s. t.} \begin{cases} 9x_1 - 2x_2 + 5x_3 + x_4 \geqslant 12 \\ 13x_1 + 3x_2 - 15x_4 \geqslant 6 \\ 14x_1 - 5x_2 + 27x_3 \geqslant 21 \\ x_2 \leqslant 0, \ x_3 \geqslant 0 \end{cases}$$

8. 某服装厂生产男式童装和女式童装. 产品的销路很好，但有三道工序即裁剪、缝纫和检验限制了生产的发展. 已知制作一件童装需要这三道工序的工时数、预计下个月内各工序所拥有的工时数以及每件童装所提供的利润如表 1－11 所示. 该厂生产部经理希望知道下个月利润最大的生产计划.

表 1－11　各工序所拥有的工时数以及每件童装所提供的利润

工序	男式童装	女式童装	下个月生产能力/h
裁剪	1	3/2	900
缝纫	1/2	1/3	300
检验	1/8	1/4	100
利润/（元/件）	5	8	

（1）建立这一问题的线性规划模型，并将它化为标准形.

（2）求出最优解及最优值.

（3）每道工序实际上使用了多少工时？

（4）各个松弛变量的值是多少？

9. 已知某工厂计划生产 A、B、C 三种产品，各产品需要在甲、乙、丙设备上加工，有关数据见表 1－12.

表 1－12　生产各产品的有关数据

设备	产品 A	产品 B	产品 C	工时限制/月
甲	8	16	10	304
乙	10	5	8	400
丙	2	13	10	420
单位产品利润/千元	3	2	2.5	

（1）如何安排生产计划，使工厂获利最大？

（2）若为了增加产量，可借用别的工厂的设备甲，每月可借用 60 台时，租金 1.8 万元，是否合算？

（3）若增加设备乙的台时是否可使工厂总利润进一步增加？

（4）若产品 B 的利润变为 5 000 元，最优生产计划会不会改变？

10. 某工厂利用 3 种原料生产 5 种产品，有关数据如表 1−13 所示．

表 1−13　每万件产品所用原料数

原料	产品 A	产品 B	产品 C	产品 D	产品 E	现有原料数/kg
甲	1	2	1	0	1	10
乙	1	0	1	3	2	25
丙	1	2	2	2	3	21
每万件产品利润/万元	8	20	10	20	23	

（1）求最优生产计划．

（2）若引进新产品 F，已知产品 F 每万件要用原料甲、乙、丙分别为 1 kg、2 kg 和 1 kg，每万件产品 F 的利润为 12 万元，问 F 是否应该投产？

（3）若新增加煤耗不许超过 10 t 的限制，而生产每万件 A、B、C、D、E 产品分别需要用煤 3 t、2 t、1 t、2 t 和 1 t，问原最优方案是否需要改变？

11. 一家昼夜服务的饭店，24 h 中需要的服务员数量如表 1−14 所示．

表 1−14　24 h 中需要的服务员数量

时间	服务员的最少人数/h
2:00—6:00	4
6:00—10:00	8
10:00—14:00	10
14:00—18:00	7
18:00—22:00	12
22:00—2:00	4

每个服务员每天连续工作 8 h，且在时段开始时上班．问：要满足上述要求，需最少配备多少服务员？

12. 某医院的护士分 4 个班次，每班工作 12 h．报到的时间分别是早上 6 点、中午 12 点、下午 6 点和夜间 12 点．每班需要的人数分别为 18 人、20

人、19 人和 15 人．问：每天最少需要派多少护士值班？

13. 新华超市是个中型超市，它对售货员的需求经过统计分析如表 1—15 所示．

表 1—15　新华超市对售货员的需求

时间	所需售货员人数/人
星期一	16
星期二	25
星期三	26
星期四	20
星期五	32
星期六	40
星期日	36

为了保证售货人员充分休息，售货人员每周工作 5 天，休息 2 天，并要求休息的 2 天是连续的．问：应如何安排售货人员的作息，才能既满足工作需要，又使配备的售货人员的人数最少？

14. 某种产品包括 3 个部件，它们是由 4 个不同的部门生产的，而每个部门有一个有限的生产时数，表 1—16 给出 3 个部件的生产率，现在要确定每一部门分配给每一部件的工作时数，使得完成产品的件数最多．试建立这个问题的线性规划模型（不求解）．

表 1—16　各部门生产能力及 3 个部件的生产率

部门	能力/h	生产率/(件/h)		
		部件 1	部件 2	部件 3
1	100	10	15	5
2	150	15	10	5
3	80	20	5	10
4	200	10	15	20

15. 某企业生产 3 种产品甲、乙、丙，产品所需的主要原料为 A 和 B 两种，每单位原料 A 可生产产品甲、乙、丙的底座分别为 12 个、18 个、16 个；每个产品甲、乙、丙需要原料 B 分别为 13 kg、8 kg、10 kg，设备生产用时分别为 10.5 台时、12.5 台时、8 台时，每个产品的利润分别为 1 450 元、1 650 元、1 300 元．按月计划，可提供的原料 A 为 20 个单位，原料 B 为 350 kg，设备正常的月工作时间为 3 000 台时．试建立该问题的数学模型，使企业所获

利润最大.

16. 某工厂想要把表 1—17 中的几种合金混合成为一种含铅、锌及锡分别不低于 30%、20% 与 40% 的新合金. 问: 怎样混合才能使生产费用最小? 试建立该问题的线性规划模型 (不求解).

表 1—17　几种合金的成分及费用

合金	1	2	3	4	5
含铅/%	30	10	50	10	50
含锌/%	60	20	20	10	10
含锡/%	10	70	30	80	40
费用/(元/kg)	8.5	6.0	8.9	5.7	8.8

17. 某公司受委托, 准备把 150 万元投资基金 A 和基金 B, 其中基金 A 的单位投资额为 100 元, 年回报率为 10%, 基金 B 的单位投资额为 200 元, 年回报率为 5%. 委托人要求在每年的年回报金额至少达到 5 万元的基础上投资风险最小. 据测定单位基金 A 的投资风险指数为 8, 单位基金 B 的投资风险指数为 4, 风险指数越大表明投资风险越大. 委托人要求至少在基金 B 中的投资额不少于 30 万元. 为了使总的投资风险指数最小, 该公司应该在基金 A 和基金 B 中各投资多少? 这时每年的回报金额是多少?

18. 某咨询公司受厂商的委托对新上市的一种产品进行消费者反映的调查. 该公司采用了挨户调查的方法, 委托他们调查的厂商以及该公司的市场研究专家对该调查提出下列几点要求:

(1) 必须调查 2 000 户家庭.

(2) 在晚上调查的户数和白天调查的户数相等.

(3) 至少应调查 700 户有孩子的家庭.

(4) 至少应调查 450 户无孩子的家庭.

调查一户家庭所需费用如表 1—18 所示.

表 1—18　调查一户家庭所需费用　　　　　单位: 元

家庭	白天调查	晚上调查
有孩子	25	30
无孩子	20	26

请用线性规划的方法, 确定白天调查这两种家庭的户数和晚上调查这两种家庭的户数, 使得总调查费最少?

19. 一种汽油的特性可用两个指标描述: 其点火性用 "辛烷数" 描述, 其挥发性用 "蒸气压力" 描述. 某炼油厂有 4 种标准汽油, 其标号分别为 1 号、

2 号、3 号、4 号，其特性及库存量列于表 1－19 中，将上述标准汽油适量混合，可得两种飞机汽油，分别标为 1 号和 2 号，这两种飞机汽油的性能指标及产量需求列于表 1－20 中．问应如何根据库存情况适量混合各种标准汽油，使既满足飞机汽油的性能指标，而产量又最高．

表 1－19 各种标号的标准汽油的特性与存量

标准汽油	辛烷数	蒸气压力/(g/cm²)	库存量/L
1 号	107.5	7.11×10^{-2}	380 000
2 号	93.0	11.38×10^{-2}	262 200
3 号	87.0	5.69×10^{-2}	408 100
4 号	108.0	28.45×10^{-2}	130 100

($1 \ g/cm^2 = 98 \ Pa$)

表 1－20 两种飞机汽油的性能指标及产量需求

飞机汽油	辛烷数	蒸气压力/(g/cm²)	产量需求/L
1 号	$\geqslant 91$	$\leqslant 9.96 \times 10^{-2}$	越多越好
2 号	$\geqslant 100$	$\leqslant 9.96 \times 10^{-2}$	$\geqslant 250 \ 000$

20. 某公司生产 3 种产品 A_1、A_2、A_3，它们在 B_1、B_2 两种设备上加工，并耗用 C_1、C_2 两种原材料．已知生产单位产品耗用的设备时间和原材料、单位产品利润及设备和原材料的最多可使用量如表 1－21 所示．

表 1－21 生产 3 种产品的相关数据

资源	产品			每天最多可使用量/kg
	A_1	A_2	A_3	
设备 B_1/min	1	2	1	430
设备 B_2/min	3	0	2	460
原料 C_1/kg	1	4	0	420
原料 C_2/kg	1	1	1	300
每件利润/元	30	20	50	

已知对产品 A_2 的需求每天不低于 70 件，A_3 不超过 240 件．经理在会议上讨论如何增加公司收入，提出了如下建议：

（1）产品 A_3 提价，使每件利润增至 60 元，但市场销量将下降为每天不超过 210 件．

（2）设备 B_1 和 B_2 每天可增加 40 min 的使用时间，但相应需支付额外费用各 350 元.

（3）产品 A_2 的需求增加到每天 100 件.

（4）产品 A_1 在 B_2 上的加工时间可缩短到 2 min，但每天需额外支出 40 元.

分别讨论上述各条建议的可行性.

案例分析

案例 1：生产计划问题（Ⅰ）

某仪表厂生产 B_1、B_2 两种产品. 现有一家商场向该厂订货，要求该厂 2018 年第二季度供应这两种产品，商场各月的需求量如表 1－22 所示. 该厂的一般资源都很充裕，但有一种关键性设备 A_1 的工时和一种技术性很强的劳动力 A_2（以 h 为单位）受到限制. 另外，库存容量 A_3 当然也是有限的. 具体数据如表 1－23 所示. 库存费按月计算，每件 B_1 为 0.1 元，每件 B_2 为 0.2 元. 从技术部门获得的每件产品对资源的消耗量也填写在表 1－23 中. 会计部门根据过去的经验，计算出每月的生产成本如表 1－24 所示. 该厂面临的决策问题是：根据现有资源情况和技术条件，应如何安排 2018 年第二季度各月的生产计划，才能既满足商场的需求，又使总的费用最小？

表 1－22　商场各月的需求量　　　　　　　　单位：件

产品	4 月	5 月	6 月
B_1	2 000	4 000	5 000
B_2	1 000	1 500	2 500

表 1－23　仪表厂每件产品消耗资源

资源	B_1	B_2	资源拥有量		
			4 月	5 月	6 月
A_1/h	0.4	0.6	500	600	650
A_2/h	0.3	0.2	400	350	300
A_3/m^3	0.05	0.06	1 200	1 200	1 200

表 1－24　每月的生产成本　　　　　　　　单位：元/件

产品	4 月	5 月	6 月
B_1	7	9	10
B_2	12	14	15

案例 2：生产计划问题（Ⅱ）

一家公司有 A 和 B 两个工厂，每个工厂生产两种同样的产品．一种是普通的，一种是精制的．普通产品每件可盈利 10 元，精制产品每件可盈利 15 元．两厂采用相同的加工工艺——研磨和抛光来生产这些产品．A 厂每周的研磨能力为 80 h，抛光能力为 60 h；B 厂每周的研磨能力为 60 h，抛光能力为 75 h. 两厂生产各类单位产品所需的研磨和抛光工时（以 h 计）如表 1-25 所示．

表 1-25　两厂生产各类单位产品所需的研磨和抛光工时

加工工艺	A 工厂		B 工厂	
	普通	精制	普通	精制
研磨	4	2	5	3
抛光	2	5	5	3

另外，每类每件产品都消耗 4 kg 原材料，该公司每周可获得原材料 150 kg. 问：

（1）若将原材料分配给 A 厂 100 kg，B 厂 50 kg.

（2）若原材料分配没有限制．

分别讨论上述两种情形下，应该如何制订生产计划可使总产值达到最大？

第 2 章

运输问题

本章学习目标

- 了解运输问题的基本概念
- 了解运输问题的三种基本类型
- 熟练掌握运输问题的建模方法
- 熟练掌握运输问题的应用

2.1　运输问题及其数学模型

2.1.1　引例

本章讨论一类重要的线性规划问题——运输问题. 运输问题是线性规划诸多问题中较早引起人们关注的一类特殊问题. 一般的运输问题就是要解决把某种产品从若干个产地调运到若干个销地, 在每个产地的供应量和每个销地的需求量已知, 并知道各地之间运价的前提下, 如何确定一个使总运费最小的方案.

下面首先分析如何建立运输问题的模型.

例 2.1.1　某地区有两个化肥厂, 每年产量分别为 A 厂 7 万 t, B 厂 8 万 t. 有 3 个产粮区需要该种化肥, 需求量为: 甲地区 6 万 t, 乙地区 5 万 t; 丙地区 4 万 t. 已知从各化肥厂到各产粮区的运价（万元/万 t）如表 2—1 所示. 试制订一个化肥调拨方案, 既能满足各产粮区需求, 又使总运费达到最少.

表 2—1　从各化肥厂到各产粮区的运价

化肥厂	产粮区			产量/万 t
	甲	乙	丙	
	各化肥厂到各产粮区运价/(万元/万 t)			
A	12	18	19	7
B	22	15	17	8
需求量/万 t	6	5	4	

解　(1) 确定决策变量. 本问题的决策变量为从每个化肥厂运送多少万吨化肥到每个产粮区.

设 x_{ij} 为从化肥厂 i 运送到产粮区 j 的化肥数量（$i=1, 2$; $j=1, 2, 3$）.

（2）确定目标函数. 本问题的目标是使公司总运输成本最低，总运输成本为

$$z = 12x_{11} + 18x_{12} + 19x_{13} + 22x_{21} + 15x_{22} + 17x_{23}$$

（3）确定约束条件.

由于总产量＝总需求量，因而本问题的约束条件如下：

①从各化肥厂运出去的化肥数量应等于其产量，即

化肥厂 A：$x_{11} + x_{12} + x_{13} = 7$

化肥厂 B：$x_{21} + x_{22} + x_{23} = 8$

②各产粮区收到的化肥数量等于其需求量，即

产粮区甲：$x_{11} + x_{21} = 6$

产粮区乙：$x_{12} + x_{22} = 5$

产粮区丙：$x_{13} + x_{23} = 4$

③各决策变量非负，即

$$x_{ij} \geqslant 0 \quad (i = 1, 2; \ j = 1, 2, 3).$$

由此，可以得到下面运输问题的线性规划数学模型

$$\min z = 12x_{11} + 18x_{12} + 19x_{13} + 22x_{21} + 15x_{22} + 17x_{23}$$

$$\text{s. t.} \begin{cases} x_{11} + x_{12} + x_{13} = 7 \\ x_{21} + x_{22} + x_{23} = 8 \\ x_{11} + x_{21} = 6 \\ x_{12} + x_{22} = 5 \\ x_{13} + x_{23} = 4 \\ x_{ij} \geqslant 0 \quad (i = 1, 2; \ j = 1, 2, 3) \end{cases}$$

2.1.2　运输问题数学模型的一般形式

一般的运输问题可以表述为：设某种物资有 m 个产地 $A_i(i = 1, 2, \cdots, m)$，其产量分别为 a_i，有 n 个销地 $B_j(j = 1, 2, \cdots, n)$，其销量分别为 b_j；从产地 A_i 到销地 B_j 的运价为 c_{ij}. 问应如何组织调运才能使总运费最少？

设 x_{ij} 为从产地 A_i 运往销地 B_j 的该种物资的数量，z 为总运费. 则由 A_i 运出的物资总量应该等于其产量 a_i，所以 x_{ij} 应满足：

$$\sum_{j=1}^{n} x_{ij} = a_i, \ i = 1, 2, \cdots, m$$

同样，运往 B_j 的物资总量应等于其需求量 b_j，所以 x_{ij} 还应满足：

$$\sum_{i=1}^{m} x_{ij} = b_j, \ j = 1, 2, \cdots, n$$

而总运费为

$$z = \sum_{i=1}^{m} \sum_{j=1}^{n} c_{ij} x_{ij}$$

从而，可得一般运输问题的数学模型为

$$\min z = \sum_{i=1}^{m} \sum_{j=1}^{n} c_{ij} x_{ij}$$

$$\text{s. t.} \begin{cases} \sum_{j=1}^{n} x_{ij} = a_i \\ \sum_{i=1}^{m} x_{ij} = b_j \\ x_{ij} \geqslant 0 \ (i = 1, 2, \cdots, m; \ j = 1, 2, \cdots, n) \end{cases}$$

这就是产销平衡（总产量等于总销量）运输问题的数学模型. 它包括 $m \times n$ 个变量，$m+n$ 个约束方程.

运输问题除了产销平衡的情形，还有产销不平衡（总产量不等于总销量）的情形，即产大于销的运输问题和产小于销的运输问题，其模型可以仿照产销平衡运输问题的模型得出，如下所示.

产大于销模型：

$$\min z = \sum_{i=1}^{m} \sum_{j=1}^{n} c_{ij} x_{ij}$$

$$\text{s. t.} \begin{cases} \sum_{j=1}^{n} x_{ij} \leqslant a_i \\ \sum_{i=1}^{m} x_{ij} = b_j \\ x_{ij} \geqslant 0 \ (i = 1, 2, \cdots, m; \ j = 1, 2, \cdots, n) \end{cases}$$

产小于销模型：

$$\min z = \sum_{i=1}^{m} \sum_{j=1}^{n} c_{ij} x_{ij}$$

$$\text{s. t.} \begin{cases} \sum_{j=1}^{n} x_{ij} = a_i \\ \sum_{i=1}^{m} x_{ij} \leqslant b_j \\ x_{ij} \geqslant 0 \ (i = 1, 2, \cdots, m; \ j = 1, 2, \cdots, n) \end{cases}$$

2.2　运输问题的求解

2.2.1　运输问题解的特点

由上述产销平衡运输问题模型的特点，可以得到下面的结论：

（1）运输问题基变量的个数为 $m+n-1$ 个.

（2）运输问题一定存在最优解.

（3）若运输问题的供应量和需求量都是整数，则该问题一定有整数最优解.

2.2.2 运输问题的 Lingo 求解

运输问题通常用表上作业法求解，而表上作业法的本质即为单纯形法. 本节介绍如何用 Lingo 软件求解运输问题，由于运输问题是一种特殊的线性规划问题，因而用 Lingo 软件求解会比较容易.

例 2.2.1 用 Lingo 软件求解运输问题例 2.1.1.

解 根据 Lingo 中集的思想，给出求解该问题的 Lingo 程序如下：

```
model：
sets：
warehouses/wh1,wh2/:capacity;
customers/v1,v2,v3/:demand;
links(warehouses,customers):cost,volume;
endsets
min = @sum(links:cost * volume);
@for(customers(j):
  @sum(warehouses(I):volume(I,j)) = demand(j));
@for(warehouses(I):
  @sum(customers(j):volume(I,j)) = capacity(I));
data：
capacity = 7 8;
demand = 6 5 4;
cost = 12 18 19
       22 15 17 ;
enddata
end
```

计算结果为：

```
Global optimal solution found.
Objective value：                      217.0000
Infeasibilities：                      0.000000
Total solver iterations：              1
Elapsed runtime seconds：              0.10
Model Class：                          LP
Total variables：                      6
Nonlinear variables：                  0
Integer variables：                    0
Total constraints：                    6
```

Nonlinear constraints:		0
Total nonzeros:		18
Nonlinear nonzeros:		0

Variable	Value	Reduced Cost
CAPACITY(WH1)	7.000000	0.000000
CAPACITY(WH2)	8.000000	0.000000
DEMAND(V1)	6.000000	0.000000
DEMAND(V2)	5.000000	0.000000
DEMAND(V3)	4.000000	0.000000
COST(WH1,V1)	12.00000	0.000000
COST(WH1,V2)	18.00000	0.000000
COST(WH1,V3)	19.00000	0.000000
COST(WH2,V1)	22.00000	0.000000
COST(WH2,V2)	15.00000	0.000000
COST(WH2,V3)	17.00000	0.000000
VOLUME(WH1,V1)	6.000000	0.000000
VOLUME(WH1,V2)	0.000000	1.000000
VOLUME(WH1,V3)	1.000000	0.000000
VOLUME(WH2,V1)	0.000000	12.00000
VOLUME(WH2,V2)	5.000000	0.000000
VOLUME(WH2,V3)	3.000000	0.000000

最优运输方案：化肥厂 A 向产粮区甲和丙分别提供 6 万 t、1 万 t 化肥，化肥厂 B 向产粮区乙和丙分别提供 5 万 t、3 万 t 化肥. 最优总运费为 217 万元.

例 2.2.2 设某产品有 3 个产地 A_1、A_2、A_3，需要运往 3 个销地 B_1、B_2、B_3，各产地的产量（t）、各销地的销量（t）及各产地到各销地的单位运价（元/t）如表 2−2 所示，问：如何调运既能满足各销地的需求，又能使总的运费达到最少？

表 2−2　3 个产地的产量、3 个销地的销量及各产地到销地的单位运价

产地	销地			产量/t
	B_1	B_2	B_3	
	各产地到各销地的单位运价/（元/t）			
A_1	5	9	2	20
A_2	3	1	7	18
A_3	6	2	8	17
销量/t	18	12	16	

解 由于总产量大于总销量，因而该问题属于产大于销的运输问题.

设 x_{ij} 为从产地 A_i 运往销地 B_j 的该种物资的数量（t），z 为总运费（元）. 则该问题的数学模型为

$$\min z = 5x_{11} + 9x_{12} + 2x_{13} + 3x_{21} + x_{22} + 7x_{23} + 6x_{31} + 2x_{32} + 8x_{33}$$

$$\text{s. t.} \begin{cases} x_{11} + x_{12} + x_{13} \leqslant 20 \\ x_{21} + x_{22} + x_{23} \leqslant 18 \\ x_{31} + x_{32} + x_{33} \leqslant 17 \\ x_{11} + x_{21} + x_{31} = 18 \\ x_{12} + x_{22} + x_{32} = 12 \\ x_{13} + x_{23} + x_{33} = 16 \\ x_{ij} \geqslant 0 \ (i=1,2,3; \ j=1,2,3) \end{cases}$$

下面给出求解该问题的 Lingo 程序.

```
model：
sets：
warehouses/wh1,wh2,wh3/:capacity;
customers/v1,v2,v3/:demand;
links(warehouses,customers):cost,volume;
endsets
min = @sum(links:cost * volume);
@for(customers(j):
  @sum(warehouses(I):volume(I,j)) = demand(j));
@for(warehouses(I):
  @sum(customers(j):volume(I,j))< = capacity(I));
data：
capacity = 20 18 17；
demand = 18 12 16；
cost = 5 9 2
       3 1 7
       6 2 8 ；
enddata
end
```

计算结果为：

```
Global optimal solution found.
Objective value：               110.0000
Infeasibilities：               0.000000
Total solver iterations：       4
```

Model Class:		LP
Total variables:		9
Nonlinear variables:		0
Integer variables:		0
Total constraints:		7
Nonlinear constraints:		0
Total nonzeros:		27
Nonlinear nonzeros:		0

Variable	Value	Reduced Cost
CAPACITY(WH1)	20.00000	0.000000
CAPACITY(WH2)	18.00000	0.000000
CAPACITY(WH3)	17.00000	0.000000
DEMAND(V1)	18.00000	0.000000
DEMAND(V2)	12.00000	0.000000
DEMAND(V3)	16.00000	0.000000
COST(WH1,V1)	5.000000	0.000000
COST(WH1,V2)	9.000000	0.000000
COST(WH1,V3)	2.000000	0.000000
COST(WH2,V1)	3.000000	0.000000
COST(WH2,V2)	1.000000	0.000000
COST(WH2,V3)	7.000000	0.000000
COST(WH3,V1)	6.000000	0.000000
COST(WH3,V2)	2.000000	0.000000
COST(WH3,V3)	8.000000	0.000000
VOLUME(WH1,V1)	0.000000	1.000000
VOLUME(WH1,V2)	0.000000	7.000000
VOLUME(WH1,V3)	16.00000	0.000000
VOLUME(WH2,V1)	18.00000	0.000000
VOLUME(WH2,V2)	0.000000	0.000000
VOLUME(WH2,V3)	0.000000	6.000000
VOLUME(WH3,V1)	0.000000	2.000000
VOLUME(WH3,V2)	12.00000	0.000000
VOLUME(WH3,V3)	0.000000	6.000000

最优运输方案：由 A_1 运输到 B_3，A_2 运输到 B_1，A_3 运输到 B_2 的运量分别为 16 t、18 t、12 t，最优总运费为 110 元.

显然，由于总产量大于总销量，所有销地的需求都得到了满足. 在最优方案下，产地 A_1 的产量还有 4 个没有运出去，产地 A_3 有 5 个没有运出去.

例 2.2.3 某公司生产的产品需要从 3 个生产厂运往 4 个经销商，各生产厂的产量（千吨）、各经销商的需求量（千吨）及各生产厂到各经销商的单位运价（千元/千吨）如表 2−3 所示，问如何调运才能使总的运费达到最少？

表 2−3 各生产厂的产量、各经销商的需求量及各生产厂到各经销商的单位运价

生产厂	各生产厂到各经销商的单位运价/(千元/千吨)				产量/千吨
	经销商 1	经销商 2	经销商 3	经销商 4	
生产厂 1	7	9	3	7	7
生产厂 2	2	9	2	8	4
生产厂 3	7	4	10	5	8
需求量/千吨	3	7	4	6	

解 由于总需求量大于总产量，因而该问题属于销大于产的运输问题.

设 x_{ij} 为从生产厂 i 运往经销商 j 的该种产品的数量（千吨），z 为总运费（千元）. 则该问题的数学模型为

$$\min z = 7x_{11} + 9x_{12} + 3x_{13} + 7x_{14} + 2x_{21} + 9x_{22} + 2x_{23} + 8x_{24} +$$
$$7x_{31} + 4x_{32} + 10x_{33} + 5x_{34}$$

$$\text{s. t.} \begin{cases} x_{11} + x_{12} + x_{13} + x_{14} = 7 \\ x_{21} + x_{22} + x_{23} + x_{24} = 4 \\ x_{31} + x_{32} + x_{33} + x_{34} = 8 \\ x_{11} + x_{21} + x_{31} \leqslant 3 \\ x_{12} + x_{22} + x_{32} \leqslant 7 \\ x_{13} + x_{23} + x_{33} \leqslant 4 \\ x_{14} + x_{24} + x_{34} \leqslant 6 \\ x_{ij} \geqslant 0 \ (i = 1, 2, 3; \ j = 1, 2, 3, 4) \end{cases}$$

按照上述模型编写 Lingo 程序如下：

```
model:
sets:
warehouses/f1,f2,f3/:capacity;
customers/b1,b2,b3,b4/:demand;
links(warehouses,customers):cost,volume;
endsets
min = @sum(links:cost * volume);
@for(customers(j):
```

```
    @sum(warehouses(I):volume(I,j))< = demand(j));
@for(warehouses(I):
    @sum(customers(j):volume(I,j)) = capacity(I));
data:
capacity = 7 4 8;
demand = 3 7 4 6;
cost = 7 9 3 7
      2 9 2 8
      7 4 10 5 ;
enddata
end
```

计算结果如下：

```
Global optimal solution found.
Objective value:              78.00000
Infeasibilities:              0.000000
Total solver iterations:      7
Model Class:                  LP
Total variables:              12
Nonlinear variables:          0
Integer variables:            0
Total constraints:            8
Nonlinear constraints:        0
Total nonzeros:               36
Nonlinear nonzeros:           0
```

Variable	Value	Reduced Cost
CAPACITY(F1)	7.000000	0.000000
CAPACITY(F2)	4.000000	0.000000
CAPACITY(F3)	8.000000	0.000000
DEMAND(B1)	3.000000	0.000000
DEMAND(B2)	7.000000	0.000000
DEMAND(B3)	4.000000	0.000000
DEMAND(B4)	6.000000	0.000000
COST(F1,B1)	7.000000	0.000000
COST(F1,B2)	9.000000	0.000000
COST(F1,B3)	3.000000	0.000000
COST(F1,B4)	7.000000	0.000000

COST(F2,B1)	2.000000	0.000000
COST(F2,B2)	9.000000	0.000000
COST(F2,B3)	2.000000	0.000000
COST(F2,B4)	8.000000	0.000000
COST(F3,B1)	7.000000	0.000000
COST(F3,B2)	4.000000	0.000000
COST(F3,B3)	10.00000	0.000000
COST(F3,B4)	5.000000	0.000000
VOLUME(F1,B1)	0.000000	4.000000
VOLUME(F1,B2)	0.000000	3.000000
VOLUME(F1,B3)	3.000000	0.000000
VOLUME(F1,B4)	4.000000	0.000000
VOLUME(F2,B1)	3.000000	0.000000
VOLUME(F2,B2)	0.000000	4.000000
VOLUME(F2,B3)	1.000000	0.000000
VOLUME(F2,B4)	0.000000	2.000000
VOLUME(F3,B1)	0.000000	6.000000
VOLUME(F3,B2)	7.000000	0.000000
VOLUME(F3,B3)	0.000000	9.000000
VOLUME(F3,B4)	1.000000	0.000000

最优运输方案：由生产厂 1 运往经销商 3 和经销商 4 的运量分别为 3 千吨、4 千吨；由生产厂 2 运往经销商 1 和经销商 3 的运量分别为 3 千吨、1 千吨；由生产厂 3 运往经销商 2 和经销商 4 的运量分别为 7 千吨、1 千吨．最优总运费为 78 千元．

从该方案可以观察到，经销商 4 的需求没有完全得到满足，这是自然的，由于总产量与总需求量差 1 千吨，3 个生产厂的产量不足以满足所有经销商的需求，现在得出的总运费是把所有的产量进行合理分配的结果．

2.3 运输问题悖论

对运输问题的研究发现，在有些运输问题中存在一种有趣的现象，即当总运量上升后，总运费非但没有上升，反而下降．

下面举一个运输问题悖论的例子，以飨读者．

例 2.3.1 设某种物资有 4 个产地 A_1、A_2、A_3、A_4，运往 5 个销地 B_1、B_2、B_3、B_4、B_5，各产地的产量（百吨）、各销地的销量（百吨）及各产地到各销地的单位运价（百元/百吨）如表 2—4 所示．

（1）如何调运既能满足各销地的需求，又能使总运费达到最少？

（2）如果 A_1、A_3 产量各增加 5 百吨，B_2 的需求增加 10 百吨，运输方案如何变化？总运费是多少？

表 2-4　5 个销地的销量及各产地到各销地的单位运价

产地	销地					产量/百吨
	B_1	B_2	B_3	B_4	B_5	
	各产地到各销地的单位运价/(百元/百吨)					
A_1	14	15	6	13	14	7
A_2	16	9	22	13	16	18
A_3	8	5	11	4	5	6
A_4	12	4	18	9	10	15
销量/百吨	4	11	12	8	11	

解　（1）相应的 Lingo 求解程序如下：

```
model:
sets:
warehouses/a1,a2,a3,a4/:capacity;
customers/b1,b2,b3,b4,b5/:demand;
links(warehouses,customers):cost,volume;
endsets
min = @sum(links:cost * volume);
@for(customers(j):
  @sum(warehouses(I):volume(I,j)) = demand(j));
@for(warehouses(I):
  @sum(customers(j):volume(I,j)) = capacity(I));
data:
capacity = 7 18 6 15;
demand = 4 11 12 8 11;
cost = 14 15 6 13 14
       16 9 22 13 16
       8 5 11 4 5
       12 4 18 9 10;
enddata
end
```

计算结果为：

Global optimal solution found.

Objective value:　　　　　　　　　　444.0000

Variable	Value	Reduced Cost
VOLUME(A1,B1)	0.000000	13.00000
VOLUME(A1,B2)	0.000000	21.00000
VOLUME(A1,B3)	7.000000	0.000000
VOLUME(A1,B4)	0.000000	15.00000
VOLUME(A1,B5)	0.000000	14.00000
VOLUME(A2,B1)	4.000000	0.000000
VOLUME(A2,B2)	6.000000	0.000000
VOLUME(A2,B3)	0.000000	1.000000
VOLUME(A2,B4)	8.000000	0.000000
VOLUME(A2,B5)	0.000000	1.000000
VOLUME(A3,B1)	0.000000	2.000000
VOLUME(A3,B2)	0.000000	6.000000
VOLUME(A3,B3)	5.000000	0.000000
VOLUME(A3,B4)	0.000000	1.000000
VOLUME(A3,B5)	1.000000	0.000000
VOLUME(A4,B1)	0.000000	1.000000
VOLUME(A4,B2)	5.000000	0.000000
VOLUME(A4,B3)	0.000000	2.000000
VOLUME(A4,B4)	0.000000	1.000000
VOLUME(A4,B5)	10.00000	0.000000

（2）将 A_1、A_3 产量各增加 5 百吨，B_2 的需求增加 10 百吨，应用 Lingo 软件求解结果如下：

Global optimal solution found.

Objective value：		409.0000
Variable	Value	Reduced Cost
VOLUME(A1,B1)	0.000000	7.000000
VOLUME(A1,B2)	0.000000	15.00000
VOLUME(A1,B3)	12.00000	0.000000
VOLUME(A1,B4)	0.000000	9.000000
VOLUME(A1,B5)	0.000000	9.000000
VOLUME(A2,B1)	4.000000	0.000000
VOLUME(A2,B2)	6.000000	0.000000
VOLUME(A2,B3)	0.000000	7.000000
VOLUME(A2,B4)	8.000000	0.000000
VOLUME(A2,B5)	0.000000	2.000000

VOLUME(A3,B1)	0.000000	1.000000
VOLUME(A3,B2)	0.000000	5.000000
VOLUME(A3,B3)	0.000000	5.000000
VOLUME(A3,B4)	0.000000	0.000000
VOLUME(A3,B5)	11.00000	0.000000
VOLUME(A4,B1)	0.000000	1.000000
VOLUME(A4,B2)	15.00000	0.000000
VOLUME(A4,B3)	0.000000	8.000000
VOLUME(A4,B4)	0.000000	1.000000
VOLUME(A4,B5)	0.000000	1.000000

从上述计算结果可以看出,在产地、销地、单位运价均相同的情况下,运输总量增加了 10 百吨,但总运费却减少了 35 百元,这种奇特的现象称为运输问题悖论.

2.4 运输问题的应用

由于运输问题的求解比较简便,因此人们常常把日常生活中的一些实际问题转化为运输问题来处理. 但是并非任何问题都能转化成运输问题,而且由于实际问题的复杂性,目前运输问题中仍有相当一部分问题未得到解决. 尽管如此,运输问题仍有较多的应用.

本节介绍运输问题的几个典型应用,以此来进一步拓展视野. 这几个问题都比较复杂,需要先进行适当处理,才能转化为运输问题来求解.

2.4.1 短缺资源的分配问题

现在考察一个具体问题.

例 2.4.1 有 A_1、A_2 两座煤矿,负责向 B_1、B_2、B_3 三个城市供应采暖用煤. 各煤矿的产量、各城市的需求量以及各煤矿到各城市的运价(元/t)如表 2—5 所示. 由于需求大于供给,经研究决定,城市 B_1 的供应量可减少 0～900 t,城市 B_2 的需求必须全部满足,城市 B_3 的供应量不少于 1 600 t,试求总费用最少的调运方案.

表 2—5 各煤矿的产量、各城市的需求量以及各煤矿到各城市的单位运价

煤矿	城市			产量/t
	B_1	B_2	B_3	
	各煤矿到各城市的单位运价/(元/t)			
A_1	170	185	198	1 500
A_2	160	175	217	4 000
需求量/t	3 500	1 100	2 400	

解 根据题意可知，该问题为一个产销不平衡的运输问题. 由于城市 B_1 供应量可减少 0～900 t，城市 B_3 的供应量不少于 1 600 t，可以将这两个城市分别设为两个城市：一个城市的需求量务必全部满足，另一个城市的供应量可以调整. 由于产小于销，因而可以虚设一个煤矿 A_3 作为产地. 由此，原问题转化为具有 3 个产地 A_1、A_2、A_3 和 5 个销地 B_1、B_1'、B_2、B_3、B_3' 的产销平衡的运输问题.

虚设的煤矿不能真实地提供采暖用煤，因此，虚设的煤矿到务必满足煤炭供应城市的运价应设为一个充分大的正数 M，到可调整供应城市的运价应设为 0，即可得到下面的产销平衡运价表，如表 2－6 所示.

表 2－6 产销平衡运价表

煤矿	城市					产量/t
	B_1	B_1'	B_2	B_3	B_3'	
	各煤矿到各城市的单位运价/（元/t）					
A_1	170	170	185	198	198	1 500
A_2	160	160	175	217	217	4 000
A_3	M	0	M	M	0	1 500
需求量/t	2 600	900	1 100	1 600	800	

应用 Lingo 软件求解该问题，可得最优方案为：A_1 向 B_3 供应 1 500 t 煤，A_2 向 B_1 供应 2 800 t 煤、向 B_2 供应 1 100 t 煤、向 B_3 供应 100 t 煤. 总费用为 959 200 元.

2.4.2 生产调度问题

生产调度是指将某种产品在一个计划期内的某项生产指标（如总产量），合理分解到各个生产周期，使得既能完成该项生产指标，又能使总费用达到最少.

下面通过一个实例来说明如何将生产调度问题转化为运输问题来处理.

例 2.4.2 某造船厂按合同规定须于当年每个季度末分别提供 10 艘、15 艘、25 艘、30 艘同一规格的渔船. 已知该厂各季度的生产能力及生产每艘渔船的成本如表 2－7 所示. 如果生产出来的渔船当季不交货的话，每艘渔船每积压一个季度需存储、维护等费用 2 万元. 该厂如何安排生产进度，既能完成合同，又能使全年的生产费用最少？

解 这是一个生产计划问题，可以转化为运输问题来处理.

表 2－7　造船厂各季度的生产能力及生产每艘渔船的成本

季度	生产能力/艘	单位成本/万元
1	25	30
2	35	30.5
3	15	30.3
4	20	31

由于每个季度生产出来的渔船不一定当季交货，可以设 x_{ij} 表示第 i 季度生产用于第 j 季度交货的渔船数．于是，第 i 季度生产、第 j 季度交货的每艘渔船的实际成本 c_{ij} 为 $c_{ij}=$ 第 i 季度每艘渔船的生产成本 $+2(j-i)$．

将第 i 季度生产的渔船数量视为第 i 个产地的产量，第 j 季度交货的渔船数量视为第 j 个销地的销量，生产成本加上存储、维护费用视为运价，即可将该问题转化为运输问题，相关数据如表 2－8 所示．

表 2－8　转化为运输问题后的相关数据

产地	销地				产量/艘
	1	2	3	4	
	各产地到各销地运价/(万元/艘)				
1	30	32	34	36	25
2	M	30.5	32.5	34.5	35
3	M	M	30.3	32.3	15
4	M	M	M	31	20
销量/艘	10	15	25	30	

4 个季度总的生产能力为 $25+35+15+20=95$（艘），合同的总需求量为 $10+15+25+30=80$（艘）．

显然，这是一个产大于销的运输问题．

应用 Lingo 软件求解，可以求得以下最优生产计划．

第 1 季度生产 10 艘，并当季交货；第 2 季度生产 35 艘，15 艘当季交货，20 艘第 3 季度交货；第 3 季度生产 15 艘，5 艘当季交货，10 艘第 4 季度交货；第 4 季度生产 20 艘，并当季交货．总费用为 2 502 万元．

例 2.4.3　某制造企业根据合同要求，从当年起连续 3 年在年末各提供 3 套型号规格相同的大型设备．已知该企业今后 3 年的生产能力及生产成本如表 2－9 所示．

表 2-9　企业今后 3 年的生产能力及生产成本

年度	正常生产时可完成的设备数量/套	加班生产时可完成的设备数量/套	正常生产时每套设备的成本费/万元
第 1 年	2	3	500
第 2 年	4	2	600
第 3 年	1	3	550

如果该企业加班生产，将会使每套设备成本比正常生产时要高出 70 万元．同时，如果所制造出的设备当年不能交货，每套设备每积压一年将增加维护保养费等费用 40 万元．在签订合同时，该企业库存了两套该种设备，该企业希望在第 3 年年末完成合同任务后还能存储一套该种设备留作备用．试问该企业应如何安排生产计划，使得在满足上述要求的条件下，总成本费用达到最小？

　　解　该问题可以归结为一个运输问题来处理．为此，可将初始库存、每年正常生产及每年加班生产视为产地（7 个），把每一年的需求视为销地（3 个），从而得到下面的运输问题，有关数据如表 2-10 所示．

表 2-10　转化为运输问题后的有关数据

产地	销地			产量/套
	1	2	3	
	各产地到各销地的运价/（万元/套）			
1	0	40	80	2
2	500	540	580	2
3	570	610	650	3
4	M	600	640	4
5	M	670	710	2
6	M	M	550	1
7	M	M	620	3
销量/套	3	3	4	

应用 Lingo 软件求解，可以求得以下两个最优生产计划．

（1）库存设备第 1 年交付 1 套，第 2 年交付 1 套；第 1 年正常生产 2 套，当年交付；第 2 年正常生产 2 套，当年交付；第 3 年正常生产 1 套，加班生产 3 套，当年交付 3 套，存储 1 套备用．总费用为 4 650 万元．

（2）库存设备第 1 年全部交付；第 1 年正常生产 2 套，当年交付 1 套，第 2 年交付 1 套；第 2 年正常生产 2 套，当年交付；第 3 年正常生产 1 套，加班生产 3 套，当年交付 3 套，存储 1 套备用．总费用为 4 650 万元．

2.4.3 转运问题

大多数运输问题，都是将某种产品由各产地直接运往各销地．但是，实际生活中有些运输问题具有更为复杂的运输方式．例如，生产的产品不直接运往销地，而是先经过几个中转站，再运到某一销地．这就是下文将要介绍的转运问题．

下面举例说明转运问题的解法．

例 2.4.4 某食品公司经销的主要产品为糖果．它下面设有 A_1、A_2、A_3 三个加工厂，每天分别将 3 t、4 t、3 t 糖果运往两个地区的门市部 B_1、B_2 销售，各地区每天的销售量分别为 3 t、7 t．在加工厂与门市部之间有 T_1、T_2 两个中转站．各地间每吨糖果的运价（元/t）如表 2-11 所示．问该食品公司应如何调运，在满足各门市部销售需求的情况下，使总的运费支出最少？

表 2-11 各地间每吨糖果的运价 单位：元/t

地点	A_1	A_2	A_3	T_1	T_2	B_1	B_2
A_1	0	3	2	3	—	6	8
A_2	4	0	2	5	2	13	9
A_3	—	2	0	3	2	11	3
T_1	3	5	2	0	6	2	5
T_2	—	3	2	7	0	2	2
B_1	6	—	—	2	—	0	9
B_2	—	—	3	—	3	9	0

表中"—"号表示不能运输．

解 从表中看出，从 A_2 到 B_2 每吨糖果的直接运费为 9 元，如从 A_2 经 A_3 运往 B_2，每吨运价为 2+3=5 元，从 A_2 经 T_2 运往 B_2 只需 2+2=4 元．可见该问题中从产地到销地之间的运输方案不唯一．为求解该问题，可将其做如下处理．

（1）将整个问题看作有 7 个产地和 7 个销地的扩大的运输问题．

（2）对扩大的运输问题建立单位运价表，并将不可能的运输方案中的"—"用充分大的正数 M 代替．

（3）所有中转站的产量等于销量，由于运费最少时不可能出现一批糖果来回倒运的情形，所以每个中转站的转运量不会超过 10 t，从而可规定其产量和销量均为 10 t．

（4）扩大的运输问题中原来的产地与销地由于也具有转运的作用，所以同样在原来的产销量的基础上加上 10 t．

经过上述处理，可以得到下面的产销平衡的运输问题，如表 2—12 所示．

表 2—12　产销平衡运输问题有关数据

产地	销地							产量/t
	A_1	A_2	A_3	T_1	T_2	B_1	B_2	
	各产地至各销地运价/（元/t）							
A_1	0	3	2	3	M	6	8	13
A_2	4	0	2	5	2	13	9	14
A_3	M	2	0	3	2	11	3	13
T_1	3	5	2	0	6	2	5	10
T_2	M	3	2	7	0	2	2	10
B_1	6	M	M	2	M	0	9	10
B_2	M	M	3	M	3	9	0	10
销量/t	10	10	10	10	10	13	17	

应用 Lingo 软件求解，可以求得最优生产计划为：由 A_1 向 A_3 转运 3 t，A_3 加上原有的 3 t，将 6 t 运到 B_2；由 A_2 向 T_2 转运 4 t，T_2 向 B_2 转运 1 t，满足了 B_2 的需求；再由 T_2 向 B_1 转运 3 t，满足 B_1 的需求．此时，最低运费为 40 元．

习题 2

1. 已知运输问题的产销地、产销量及各产销地间的单位运价如表 2—13 和表 2—14 所示，试分别列出其数学模型．

表 2—13　产销量及产销地间的单位运价（1）

产地	销地			产量
	甲	乙	丙	
	产销地间的单位运价			
1	20	16	24	300
2	10	15	8	600
3	17	18	11	100
销量	200	400	300	

表 2-14　产销量及产销地间的单位运价（2）

产地	销地			产量
	甲	乙	丙	
	产销地间的单位运价			
1	10	18	32	15
2	14	22	40	7
3	21	25	35	16
销量	15	9	21	

2. 某农民承包了 5 块土地共 206 亩，打算种小麦、玉米和蔬菜 3 种农作物，各种农作物的计划播种面积（亩）以及每块土地种植各种不同农作物的亩产数量（kg）如表 2-15 所示. 问如何安排种植计划，可使总产量达到最高？

表 2-15　各种农作物的计划播种面积以及每块土地种植不同农作物的亩产数量

作物种类	各块土地产量/(kg/亩)					计划播种面积/亩
	1	2	3	4	5	
小麦	500	600	650	1 050	800	86
玉米	850	800	700	900	950	70
蔬菜	1 000	950	850	550	700	50
土地亩数	36	48	44	32	46	

3. 设有甲、乙、丙 3 家工厂负责供应 A、B、C、D 四个地区的农用生产资料，等量的生产资料在这些地区所起的作用相同. 各工厂的年产量、各地区的年需求量和单位运价（万元/万 t）如表 2-16 所示，试求出总运费最少的生产资料调拨方案.

表 2-16　各工厂的年产量、各地区的年需求量和单位运价

工厂	地区				产量/万 t
	A	B	C	D	
	各工厂至各地区单位运价/(万元/万 t)				
甲	16	13	22	17	50
乙	14	13	19	15	60
丙	19	20	23	—	50
最低需求/万 t	30	70	0	10	
最高需求/万 t	50	70	30	不限	

"—"表示丙不能向 D 运输生产资料.

4. 某拖拉机厂按合同规定在当年前 4 个月月末分别提供同一型号的拖拉机 50 台、40 台、60 台、80 台给用户. 该厂每个月的生产能力是 65 台，如果

生产的产品当月不能交货，每台每月必须支付维护及存储费 0.15 万元，已知 4 个月内每台生产费分别是 1 万元、1.15 万元、0.95 万元、0.85 万元，试安排这 4 个月的生产计划，使既能按合同如期交货，又能使总费用最小．试将此问题转化为运输问题，建立此问题的线性规划数学模型并求最优解．

5. 某客车制造厂根据合同要求从当年开始起连续 4 年年末交付 40 辆规格型号相同的大型客车．该厂在这 4 年内生产大型客车的能力及每辆客车的成本情况如表 2-17 所示．

表 2-17　客车厂 4 年内生产大型客车的能力及每辆客车的成本

年度	可生产客车数量/辆		制造成本/(万元/辆)	
	正常上班时间	加班时间	正常上班时间	加班时间
1	20	30	50	55
2	35	25	56	62
3	15	30	60	65
4	40	24	55	58

根据该厂的情况，若制造出来的客车当年未能交货，每辆车每积压一年的存储和维护费用为 4 万元．问该厂应如何安排每年的客车生产量，使得在满足上述各项要求的情况下，总费用最少？试建立此问题的线性规划数学模型，并求最优生产计划．

6. 某工厂生产某种电子产品，2018 年前 6 个月收到的该产品的订货数量分别为 2 500 件、4 200 件、3 000 件、4 000 件、4 500 件、5 000 件．已知该厂的正常生产能力为每月 3 000 件，利用加班生产还可以生产 1 200 件．正常生产的成本为每件4 500 元，加班生产还要增加 1 500 元的成本，库存成本为每件每月 300 元．试问该厂如何组织安排生产，才能在满足订单需求的情况下使生产成本达到最低？

7. 求解表 2-18 所示的运输问题．要求销地 B_1 的需求必须由产地 A_1 满足．

表 2-18　产量、销量及单位运价 (1)

产地	销地			产量
	B_1	B_2	B_3	
	产销地间的单位运价			
A_1	5	1	2	20
A_2	3	2	4	10
A_3	7	5	2	15
A_4	9	6	1	15
销量	5	10	15	

8. 已知运输问题如表 2-19 所示.

表 2-19　产量、销量及单位运价（2）

产地	销地			产量
	B₁	B₂	B₃	
	产销地间的单位运价			
A₁	5	2	3	100
A₂	8	4	3	300
A₃	9	7	5	300
销量	300	200	200	

（1）求解该运输问题.

（2）如果考虑一项劳动纠纷，暂时取消了由 A_2 到 B_2 的路线和 A_3 到 B_1 的路线，问应如何制订运输方案以使总运费最小？（可令 $c_{22}=c_{31}=M$，此处 M 是一个较大的正数.）取消这两条路线给总运费带来什么影响？

9. 某玩具公司分别生产 3 种新型玩具，每月可供量分别为 1 000 件、2 000 件、2 000 件，它们分别被送到甲、乙、丙 3 个百货商店销售. 已知每月百货商店各类玩具预期销售量均为 1 500 件，由于经营方面原因，各商店销售不同玩具的盈利额不同，如表 2-20 所示. 又知丙百货商店要求至少供应 C 玩具 1 000 件，而拒绝进 A 玩具. 求满足上述条件下，使总盈利额最大的供销分配方案.

表 2-20　销售玩具盈利额

玩具	百货商店			可供量/件
	甲	乙	丙	
	销售玩具盈利额/（元/件）			
A	5	4	—	1 000
B	16	8	9	2 000
C	12	10	11	2 000

10. 已知某大学能存储 200 个文件在硬盘上，100 个文件在计算机存储器上，300 个文件在磁带上. 用户想存储 300 个字处理文件，100 个源程序文件，100 个数据文件. 每月，一个典型的字处理文件被访问 8 次，一个典型的源程序文件被访问 4 次，一个典型的数据文件被访问 2 次. 当某文件被访问时，重新找到该文件所需的时间取决于文件类型和存储介质，如表 2-21 所示.

如果要求每月用户访问所需文件所花时间最少，试构造一个运输问题的模型来决定文件应该怎么存放并求解.

表 2－21　某文件被访问时，找到该文件所需的时间

时间/s	字处理文件	源程序文件	数据文件
硬盘	5	4	4
存储器	2	1	1
磁带	10	8	6

11. 已知下列 5 名运动员各种姿势的游泳成绩（各为 50 m）如表 2－22 所示. 试用运输问题的方法来决定如何选择 4 名运动员参加 200 m 混合泳的接力比赛，使预期比赛成绩最好.

表 2－22　运动员各种姿势的游泳成绩　　　　单位：s

项目	甲	乙	丙	丁	戊
仰泳	37.7	32.9	33.8	37.0	35.4
蛙泳	43.4	33.1	42.2	34.7	41.8
蝶泳	33.3	28.5	38.9	30.4	33.6
自由泳	29.2	26.4	29.6	28.5	31.1

12. 汽车客运公司分别有豪华、中档和普通 3 种型号的客车 5 辆、10 辆和 15 辆，每辆车上均载客 40 人，汽运公司每天要送 400 人到 B_1 城市，送 600 人到 B_2 城市. 每辆客车每天只能送一次，从客运公司到 B_1 和 B_2 城市的票价如表 2－23 所示.

表 2－23　从客运公司到 B_1 和 B_2 城市的票价　　　　单位：元

路线	甲（豪华）	乙（中档）	丙（普通）
到 B_1 城市	80	60	50
到 B_2 城市	65	50	40

试建立总收入最大的车辆调度方案数学模型，并求最优调运方案.

13. 某公司有甲、乙、丙、丁四个分厂生产同一种产品，产量分别为 300 t、500 t、400 t、100 t，供应Ⅰ、Ⅱ、Ⅲ、Ⅳ、Ⅴ、Ⅵ六个地区的需要，各地区的需求量分别为 300 t、250 t、350 t、200 t、250 t、150 t. 由于原料、工艺、技术的差别，各厂每千克产品的成本分别为 1.3 元、1.4 元、1.35 元、1.5 元. 又由于行情不同，各地区销售价分别为每千克 2.0 元、2.2 元、1.9 元、2.1 元、1.8 元、2.3 元. 从各分厂运往各销售地区的单位运价如表 2－24 所示.

表2-24　从各分厂运往各销售地区的单位运价　　单位：元/t

产地	销地					
	Ⅰ	Ⅱ	Ⅲ	Ⅳ	Ⅴ	Ⅵ
甲	0.4	0.5	0.3	0.4	0.4	0.1
乙	0.3	0.7	0.9	0.5	0.6	0.3
丙	0.6	0.8	0.4	0.7	0.5	0.4
丁	0.7	0.4	0.3	0.7	0.4	0.7

如果要求第Ⅰ、第Ⅱ个销地至少供应150 t；第Ⅴ个销地的需求必须全部满足；其余销地只要求供应量不超过需求量. 请确定一个运输方案使该公司获利最多.

14. 某自行车制造公司设有两个装配厂，且在四地有4个销售公司，公司想要确定各家销售公司需要的自行车应由哪个厂装配，以使成本最小. 有关数据如表2-25~表2-27所示.

表2-25　两个装配厂的有关数据

装配厂	A	B
供应量/辆	1 100	1 000
每辆装配费/元	45	55

表2-26　4个销售公司的需求量

销售公司	1	2	3	4
需求量/辆	500	300	550	650

表2-27　从两个装配厂到4个销售公司的运输单价　　单位：元/辆

销售公司	1	2	3	4
装配厂A	9	4	7	19
装配厂B	2	18	14	6

试建立一个运输模型，以确定自行车装配和分配的最优方案.

15. 甲、乙两个煤矿每年分别生产煤炭500万t、600万t，供应A、B、C、D四个发电厂的需要，各发电厂的用煤量分别为300万t、200万t、500万t、100万t. 煤矿与电厂之间煤炭运输的单价如表2-28所示.

表 2－28 煤矿与发电厂间单位运价 　　单位：元/t

煤矿	发电厂 A	发电厂 B	发电厂 C	发电厂 D
甲	150	200	180	240
乙	80	210	60	170

（1）试确定从煤矿到每个电厂间煤炭的最优调运方案.

（2）若在煤矿与发电厂间增加两个中转站 T_1、T_2，并且已知煤矿与中转站之间和中转站与发电厂之间的运价如表 2－29～表 2－31 所示.

表 2－29 煤矿与中转站间单位运价 　　单位：元/t

煤矿	中转站 T_1	中转站 T_2
甲	90	100
乙	80	105

表 2－30 中转站间单位运价 　　单位：元/t

中转站	T_1	T_2
T_1	0	110
T_2	110	0

表 2－31 中转站间与发电厂间单位运价 　　单位：元/t

煤矿	发电厂 A	发电厂 B	发电厂 C	发电厂 D
甲	80	85	90	88
乙	95	100	85	90

试确定从煤矿到每个电厂间煤炭的最优调运方案.

案例分析

案例 1：书刊征订、推广费用的节省问题

1. 问题的来源、提出

中华图书进出口总公司的主营业务之一是中文书刊对国外出口业务，由中文书刊出口部及两个分公司负责. 就中文书刊而言，每年 10—12 月为下一年度书刊订阅的征订期. 在此期间，为巩固老订户，发展新订户，要向国外个人、大学图书馆、科研机构等无偿寄发小礼品和征订宣传推广材料.

中华图书进出口总公司在深圳、上海设有分公司，总公司从形成内部竞

争机制、提高服务质量的角度考虑，允许这两家分公司也部分经营中文书刊的出口业务. 但为维护公司整体利益，避免内部恶性竞争，公司对征订期间 3 个部门寄发征订材料的工作做了整体安排（见表 2－32）. 日本、韩国以及中国香港地区集中了该公司的绝大部分中文报刊订户，根据订户分布数量的不同，寄发征订材料的数量也不同，对此公司也做了安排（见表 2－33）.

一般情况下，这些材料无论由哪个部门寄出，征收订户的效果大致相同；同时，无论读者向哪个部门订阅，为总公司创造的效益大致相同. 但由于各部门邮寄距离不同，邮寄方式及人工费用不同，导致从各部门寄往各地的费用也不同（见表 2－34）.

由于寄发量大且每份材料的寄发费用较高，导致每年征订期日本、韩国以及中国香港地区三地读者征订费用很高昂，大大加重了经营成本. 为此，如何在服从公司总体安排的前提下合理规划各部门的寄发数量，从而使总费用最省就成为一项有意义、值得研究的课题，根据所学运筹学知识，尝试对以上问题进行探讨.

2. 数据的获得

从 1998 年征订期，获得表 2－32～表 2－34 的数据.

表 2－32　3 个部门寄发征订材料的安排

部门	份数/册
中文书刊出口部	15 000
深圳分公司	7 500
上海分公司	7 500
总计	30 000

表 2－33　向各地寄发征订材料的安排

国家和地区	份数/册
日本	15 000
中国香港地区	10 000
韩国	5 000
总计	30 000

表 2－34　从各部门寄往各地的费用　　　　单位：元/册

部门	日本	中国香港特别行政区	韩国
中文书刊出口部	10.20	7	9
深圳分公司	12.50	4	14
上海分公司	6	8	7.50

要求做出一个公司整体的中文书刊征订材料的邮运方案，使得公司总的邮运费最小．

案例2：汽车配件厂生产工人的安排问题

某汽车配件厂主管生产的张经理正在考虑如何培训及合理安排工人以降低生产成本．该厂生产3类不同的汽车零配件A、B、C，有6个不同级别的工人．每个工人每周工作时间为40 h．由于零配件复杂程度不同，要求不同熟练技术的工人完成．如A类配件的生产线复杂程度最高，要求由1～3级工人去操作，B类配件生产线次之，C类配件生产线对工人级别要求最低．已知目前不同级别工人人数、小时工资及每周用于各生产线的时间如表2－35所示．

表2－35 不同级别工人人数、小时工资及每周用于各生产线的时间

工人级别	人数	工资/（元/h）	A	B	C
1	4	15.0	160	—	—
2	9	14.5	360	—	—
3	20	13.0	600	200	—
4	54	12.0	—	160	2 000
5	102	10.5	—	80	4 000
6	40	9.75	—	—	1 600

考虑到生产任务的变化，张经理正对工人进行培训，使不同级别的工人均能在A、B、C三类配件的生产线上工作．当然由于A、B、C零配件的差别，不同级别工人专长等，不同级别工人在不同生产线上的工作效率不相同．表2－36给出了不同级别工人在A、B、C生产线上的工作效率．

表2－36 不同级别工人在A、B、C生产线上的工作效率

工人级别	A	B	C	工人级别	A	B	C
1	2.00	1.20	2.00	4	1.80	2.16	1.45
2	1.80	1.08	1.80	5	1.62	1.93	1.31
3	1.62	2.50	1.62	6	1.30	1.74	1.20

已知下季度各周A、B、C零配件的需求数分别为1 900件、1 000件及10 050件．张经理初步测算，按表2－35给出的工作时间安排及表2－36给出的工作效率，该厂可以胜任下季度的任务，但这样安排的结果是没有一点机动空闲时间，同时工资的支出也不经济合算．因此他考虑以下问题：如何确定一个更有效的任务分配方案，使下季度任务用更少工资支付完成，以便腾出时间和费用用于零配件返修及完成临时追加的任务？

第 3 章

整数规划

本章学习目标

- 了解整数规划问题的分类
- 理解整数规划问题解的特点
- 掌握整数规划问题的建模
- 熟练掌握整数规划的应用

3.1 整数规划问题及其数学模型

3.1.1 引言

在前面所研究的线性规划问题中，一般问题的最优解可以是非整数，即为分数或小数. 但在许多实际问题中，决策变量常常要求必须取整数，即称为整数解. 例如，若问题的解表示的是安排上班的人数、机器设备的台数、裁剪钢材的根数等，分数或小数解显然就不符合实际了.

整数规划是近几十年发展起来的规划论的一个分支，要求全部或部分决策变量取整数，包括整数线性规划和整数非线性规划. 由于整数非线性规划尚无一般算法，因此本章介绍的整数规划仅指整数线性规划.

3.1.2 整数规划问题的分类

根据对各变量要求的不同，整数规划问题可分为纯整数规划问题、混合整数规划问题和 0—1 整数规划问题 3 种类型.

纯整数规划问题：在求解实际问题时，若要求所有的变量都取整数，称为纯整数规划问题.

混合整数规划问题：若只要求一部分变量取整数，则称为混合整数规划问题.

0—1 整数规划问题：若要求全部或部分变量取值只限于 0 或 1，则称为 0—1 整数规划问题.

3.1.3 整数规划问题的数学模型

下面介绍整数规划问题的几个典型实例，通过这几个问题来了解整数规划问题的数学模型.

1. 纯整数规划模型

例 3.1.1 某工厂用两种原材料 A 和 B 生产两种产品Ⅰ与Ⅱ，有关数据见表 3-1.

表 3-1 生产数据

原材料	产品Ⅰ	产品Ⅱ	可供量/kg
原材料 A/(kg/件)	5	4	39
原材料 B/(kg/件)	6	7	48
利润/(元/件)	15	12	

问工厂应如何安排生产才能获得最大利润？

解 设 x_1，x_2 分别为Ⅰ和Ⅱ两种产品的产量，显然，x_1，x_2 为非负的整数，因而，这是一个纯整数规划问题. 其数学模型为

$$\max z = 15x_1 + 12x_2$$

$$\text{s. t.} \begin{cases} 5x_1 + 4x_2 \leqslant 39 \\ 6x_1 + 7x_2 \leqslant 48 \\ x_1, \ x_2 \geqslant 0 \\ x_1, \ x_2 \text{ 为整数} \end{cases}$$

在该问题中，两个决策变量都有整数要求，因此，这是一个纯整数规划问题. 通常把不考虑整数条件，由余下的目标函数和约束条件构成的规划问题称为该整数规划问题的松弛问题. 就该问题而言，其松弛问题为线性规划问题. 任何一个整数线性规划问题都可以看作一个线性规划问题再加上整数约束.

纯整数线性规划问题数学模型的一般形式为

$$\max(\min) z = \sum_{j=1}^{n} c_j x_j$$

$$\text{s. t.} \begin{cases} \sum_{j=1}^{n} a_{ij} x_j \leqslant (=, \geqslant) b_i \ (i = 1, 2, \cdots, m) \\ x_j \geqslant 0 \text{ 且为整数} \ (j = 1, 2, \cdots, n) \end{cases}$$

2. 0-1 整数规划模型

例 3.1.2 某银行打算在城市 A 新增若干储蓄所以扩展银行储蓄业务，方案中有 16 个地点 $B_j(j=1, 2, \cdots, 16)$ 可供选择，考虑到各地区居民的消费水平，特规定如下：

B_1、B_2、B_3、B_4 四个地点至少选两个；

B_5、B_6、B_7 三个地点至多选一个；

B_8、B_9、B_{10} 三个地点至多选两个；

B_{11}、B_{12} 两个地点至少选一个；

B_{13}、B_{14}、B_{15}、B_{16} 四个地点至少选三个.

预计各地点的设备投资及每年可获利润如表 3—2 所示.

表 3—2　预计各地点的设备投资及每年可获利润　单位：万元

地点	投资额	利润	地点	投资额	利润
B_1	75	30	B_9	120	50
B_2	90	42	B_{10}	115	37
B_3	100	20	B_{11}	85	28
B_4	85	35	B_{12}	75	30
B_5	80	40	B_{13}	100	19
B_6	95	36	B_{14}	120	50
B_7	110	48	B_{15}	95	32
B_8	105	38	B_{16}	90	35

已知该银行用于选建储蓄所的投资额不超过 1 000 万元，问应在哪几个地点建储蓄所，可使年利润为最大？

解　令 $x_j = 1$，选择在地点 B_j 建立储蓄所；$x_j = 0$，不在地点 B_j 建立储蓄所，其中，$j = 1, 2, \cdots, 16$.

该问题的数学模型可表示如下：

$$\max z = 30x_1 + 42x_2 + 20x_3 + 35x_4 + 40x_5 + 36x_6 + 48x_7 + 38x_8 +$$
$$50x_9 + 37x_{10} + 28x_{11} + 30x_{12} + 19x_{13} + 50x_{14} + 32x_{15} + 35x_{16}$$

$$\text{s. t.} \begin{cases} 75x_1 + 90x_2 + 100x_3 + 85x_4 + 80x_5 + 95x_6 + 110x_7 + 105x_8 + \\ 120x_9 + 115x_{10} + 85x_{11} + 75x_{12} + 100x_{13} + 120x_{14} + 95x_{15} + 90x_{16} \leqslant 1\ 000 \\ x_1 + x_2 + x_3 + x_4 \geqslant 2 \\ x_5 + x_6 + x_7 \leqslant 1 \\ x_8 + x_9 + x_{10} \leqslant 2 \\ x_{11} + x_{12} \geqslant 1 \\ x_{13} + x_{14} + x_{15} + x_{16} \geqslant 3 \\ x_j = 0, 1\ (j = 1, 2, \cdots, 16) \end{cases}$$

该问题的决策变量仅限于取 0 或 1 两个值，因此为 0—1 整数规划问题.
0—1 规划可以是线性的，也可以是非线性的，0—1 线性规划的一般模型为

$$\max(\min)z = \sum_{j=1}^{n} c_j x_j$$

$$\text{s. t.} \begin{cases} \sum_{j=1}^{n} a_{ij} x_j \leqslant (=, \geqslant) b_i & (i = 1, 2, \cdots, m) \\ x_j = 0 \text{ 或 } 1 & (j = 1, 2, \cdots, n) \end{cases}$$

3. 指派问题模型

在实际生产管理中，管理者总希望把有限的资源（如人员、资金等）进行最佳分配，以获取最大的经济效益．在现实生活中，有各种性质的指派问题．例如，某部门有 n 项任务要完成，而该部门正好有 n 个人能够完成其中每项任务．由于每个人的专长不同，完成各项任务的费用也各不相同．又因任务性质的要求和管理上的需要等原因，每个人仅能完成一项任务，而每项任务仅要一个人去完成．则应指派哪个人完成哪项任务，能使完成各项任务的总费用最少？这是典型的分配问题或指派问题．

例 3.1.3 某大学将要承办一学术会议．为了会议的顺利进行，需要甲、乙、丙、丁四个人分别完成 A、B、C、D 四项工作．由于每个人完成每项工作所花费的时间不同，有关数据如表 3－3 所示．问应如何安排，才能使总的时间最少？

表 3－3　每人完成每项工作花费的时间

人	完成每项工作的时间/h			
	A	B	C	D
甲	32	40	28	42
乙	46	43	30	52
丙	38	58	35	41
丁	31	56	27	49

解　令 $x_{ij}=1$ 表示安排第 i 个人做第 j 项工作，$x_{ij}=0$ 表示第 i 个人不做第 j 项工作，$i, j=1, 2, 3, 4$；z 表示完成 4 项工作花费的总时间（h）．

根据题意，每个人只做一项工作，其约束条件为

$$x_{11}+x_{12}+x_{13}+x_{14}=1$$
$$x_{21}+x_{22}+x_{23}+x_{24}=1$$
$$x_{31}+x_{32}+x_{33}+x_{34}=1$$
$$x_{41}+x_{42}+x_{43}+x_{44}=1$$

每项工作只能由一个人来完成，其约束条件为

$$x_{11}+x_{21}+x_{31}+x_{41}=1$$
$$x_{12}+x_{22}+x_{32}+x_{42}=1$$
$$x_{13}+x_{23}+x_{33}+x_{43}=1$$
$$x_{14}+x_{24}+x_{34}+x_{44}=1$$

目标函数为总时间最少，即

$$\min z = 32x_{11} + 40x_{12} + 28x_{13} + 42x_{14} + 46x_{21} + 43x_{22} + 30x_{23} + 52x_{24} +$$
$$38x_{31} + 58x_{32} + 35x_{33} + 41x_{34} + 31x_{41} + 56x_{42} + 27x_{43} + 49x_{44}$$

由此可得该问题的数学模型为

$$\min z = 32x_{11} + 40x_{12} + 28x_{13} + 42x_{14} + 46x_{21} + 43x_{22} + 30x_{23} + 52x_{24} +$$
$$38x_{31} + 58x_{32} + 35x_{33} + 41x_{34} + 31x_{41} + 56x_{42} + 27x_{43} + 49x_{44}$$

$$\text{s. t.} \begin{cases} x_{11} + x_{12} + x_{13} + x_{14} = 1 \\ x_{21} + x_{22} + x_{23} + x_{24} = 1 \\ x_{31} + x_{32} + x_{33} + x_{34} = 1 \\ x_{41} + x_{42} + x_{43} + x_{44} = 1 \\ x_{11} + x_{21} + x_{31} + x_{41} = 1 \\ x_{12} + x_{22} + x_{32} + x_{42} = 1 \\ x_{13} + x_{23} + x_{33} + x_{43} = 1 \\ x_{14} + x_{24} + x_{34} + x_{44} = 1 \\ x_{ij} = 0 \text{ 或 } 1 \ (i, j = 1, 2, 3, 4) \end{cases}$$

该问题为指派问题.

指派问题的一般提法（以对象和任务为例）如下. 有 n 个对象，n 项任务，已知第 i 个对象完成第 j 项任务的效益（如利润、费用、时间等）为 c_{ij}，要求确定对象和任务之间一一对应的指派方案，使完成这 n 项任务的总效益最佳.

下面建立一般指派问题的数学模型.

在指派问题中，通常称矩阵

$$\boldsymbol{C} = (c_{ij}) = \begin{bmatrix} c_{11} & c_{12} & \cdots & c_{1n} \\ c_{21} & c_{22} & \cdots & c_{2n} \\ \vdots & \vdots & & \vdots \\ c_{n1} & c_{n2} & \cdots & c_{nn} \end{bmatrix}$$

为效益矩阵. 引入 $0-1$ 变量 x_{ij}，当指派第 i 个对象完成第 j 项任务时，$x_{ij} = 1$；否则，$x_{ij} = 0$，$i, j = 1, 2, \cdots, n$.

一般指派问题的数学模型可描述为

$$\min(\max)z = \sum_{i=1}^{n} \sum_{j=1}^{n} c_{ij} x_{ij}$$

$$\text{s. t.} \begin{cases} \sum_{j=1}^{n} x_{ij} = 1 \ (i = 1, 2, \cdots, n) & (3.1.1) \\ \sum_{i=1}^{n} x_{ij} = 1 \ (j = 1, 2, \cdots, n) & (3.1.2) \\ x_{ij} = 0 \text{ 或 } 1 \ (i, j = 1, 2, \cdots, n) \end{cases}$$

在该模型中，约束条件（3.1.1）表示每个对象只能完成一项任务，约束条件（3.1.2）表示每项任务只能由一个对象来完成，z 为总效益.

指派问题的可行解，可用解矩阵来表示：

$$\boldsymbol{X} = (x_{ij})_{n \times n} = \begin{bmatrix} x_{11} & x_{12} & \cdots & x_{1n} \\ x_{21} & x_{22} & \cdots & x_{2n} \\ \vdots & \vdots & & \vdots \\ x_{n1} & x_{n2} & \cdots & x_{nn} \end{bmatrix}.$$

显然，作为指派问题的可行解，解矩阵的每一行元素中有且只有一个 1，每一列元素中也有且只有一个 1，其余元素均为 0. 因而，指派问题的可行解为 n 阶排列矩阵，共有 $n!$ 个.

例如，$\begin{bmatrix} 1 & 0 & 0 & 0 \\ 0 & 1 & 0 & 0 \\ 0 & 0 & 1 & 0 \\ 0 & 0 & 0 & 1 \end{bmatrix}$ 即为例 3.1.3 的一个可行解.

此外，指派问题存在一些特殊情形，现叙述如下：

（1）对象数和任务数不相等的指派问题. 若对象数少，任务数多，则添加虚拟对象，这些虚拟对象完成任务的费用设为 0，可以理解为这些费用不会发生；反之，若对象数多，任务数少，则添加虚拟任务，每个对象完成这些虚拟任务的费用也设为 0，由此可以把对象数和任务数不相等的指派问题转化为一般的指派问题.

（2）一个对象可以完成几项任务的指派问题. 若某个对象可以完成几项任务，可将其化为几个相同的对象来接受指派，这几个对象完成同一项任务的费用相同.

（3）某任务一定不能由某个对象来完成的指派问题. 某任务一定不能由某个对象来完成，则可以设该对象完成这项任务的费用为足够大的正数 M.

4. 存在相互排斥约束条件的混合整数规划模型

例 3.1.4 某公司研发出 3 种新产品，该公司有两个工厂都可以生产这些产品. 为了使产品的生产线不至过于多样化，决策层决定实施如下限制.

（1）在 3 种新产品中，至多有两个投入生产.

（2）两个工厂中，仅有一个能作为新产品的唯一生产者.

对于两个工厂来说，每种新产品的单位生产成本都是相同的. 然而，由于两个工厂的生产设备不同，每种产品的单位生产时间可能不同，有关数据如表 3—4 所示.

公司应如何决策才能获取最大利润？

表 3-4　各工厂生产各产品的有关数据

工厂	单位产品的生产时间/h			每天可用生产时间/h
	产品 1	产品 2	产品 3	
工厂 1	2	3	5	18
工厂 2	4	2	6	20
利润/(百元/个)	12	13	10	
销量/(个/天)	8	6	7	

解　设 x_i 为第 i 种产品的产量，$i=1$，2，3；若生产第 j 种产品，令 $y_j=1$，否则，令 $y_j=0$，$j=1$，2，3；若由工厂 1 生产新产品，令 $y_4=0$，否则，令 $y_4=1$；令 z 表示出售新产品获取的总利润，则有

$$\max z=12x_1+13x_2+10x_3$$

$$\text{s. t.}\begin{cases} x_1\leqslant My_1 \\ x_2\leqslant My_2 \\ x_3\leqslant My_3 \\ y_1+y_2+y_3\leqslant 2 \\ x_1\leqslant 8 \\ x_2\leqslant 6 \\ x_3\leqslant 7 \\ 2x_1+3x_2+5x_3\leqslant 18+My_4 \\ 4x_1+2x_2+6x_3\leqslant 20+M(1-y_4) \\ x_i\geqslant 0\ (i=1,\ 2,\ 3) \\ y_j=0\ \text{或}\ 1\ (j=1,\ 2,\ 3,\ 4) \end{cases}$$

其中，M 为充分大的常数．第 8 和第 9 个约束表示的两个条件相互排斥，亦即两个工厂中，只有一个工厂生产新产品．$y_4=0$，表示第 8 个约束起作用，工厂 1 生产新产品；$y_4=1$，表示第 9 个约束起作用，工厂 2 生产新产品．

一般地，如果有 m 个互相排斥的约束条件

$$\alpha_{i1}x_1+\alpha_{i2}x_2+\cdots+\alpha_{in}x_n\leqslant b_i\ (i=1,\ 2,\ \cdots,\ m)$$

若要求 m 个约束条件中只有一个起作用，可以引入 m 个 0-1 变量 $y_i(i=1,\ 2,\ \cdots,\ m)$ 和一个充分大的常数 M，则下面这一组 $m+1$ 个约束条件

$$\alpha_{i1}x_1+\alpha_{i2}x_2+\cdots+\alpha_{in}x_n\leqslant b_i+y_iM\ (i=1,\ 2,\ \cdots,\ m)$$

$$y_1+y_2+\cdots+y_m=m-1$$

就合乎要求．

若要求 m 个约束条件中有 k 个起作用，只需把上式中的

$$y_1+y_2+\cdots+y_m=m-1$$

改为

$$y_1 + y_2 + \cdots + y_m = m - k$$

即可.

3.2 整数规划问题的求解

3.2.1 整数规划问题解的特点

对于整数规划问题的求解，一种很自然的方法是先撇开问题的整数要求，用单纯形法求得最优解，然后将解凑成整数. 但是这样的做法通常是不可行的. 一般情形下，用单纯形法求得的最优解不会刚好满足变量的整数约束条件，因而不是整数规划的可行解，自然就不是整数规划的最优解. 此时，若对该最优解中不符合整数要求的分量通过"四舍五入"或"只舍不入"简单地取整，所得到的解不一定是整数规划问题的可行解，或者即便为可行解，也不一定是整数规划问题的最优解，充其量只能说是"近似最优解". 而且，当整数规划问题涉及的变量较多时，通过这样的方式取整一般是难以处理的，因为需要对每个取整后的解作出"取"或"舍"的选择，这时的计算量是非常大的，甚至用计算机也难以处理.

另一种容易想到的方法为枚举法，也就是把整数规划问题所有的整数可行点的目标值进行比较，而后从中选出最优的目标值对应的整数可行点即为最优解. 这种想法没有问题，但有时会出现满足约束的整数太多的情况，此时计算量也会非常大，以至于枚举法也不可取.

事实上，整数规划问题与一般的规划问题相比，其可行解不再是连续的，而是离散的. 由于离散问题比连续问题更难以处理，因而，整数规划问题要比一般的线性规划问题难解得多. 目前常用的方法有分支定界法、割平面法等，但手工计算都非常烦琐.

目前，规模较大的整数规划问题通常通过计算机软件来处理，本书将介绍如何通过 Lingo 软件来求解整数规划问题.

3.2.2 整数规划问题的 Lingo 求解

前面介绍过，求解整数规划问题有两种方法：一种是分支定界法，另一种是割平面法. Lingo 软件求解整数规划问题实际上用的是分支定界法. 用 Lingo 软件求解整数规划问题非常简单，只需在线性规划求解的基础上对变量加一个限制函数——@gin(x)（变量 x 取整数）即可. 对于 $0-1$ 规划，这里也只需加一个限制函数——@bin(x)（变量 x 取 0 或 1）.

例 3.2.1 用 Lingo 软件求解例 3.1.1.

解 编写 Lingo 程序如下：

max = 15 * x1 + 12 * x2;

5 * x1 + 4 * x2 < = 39;

6 * x1 + 7 * x2 < = 48;

@gin(x1);

@gin(x2);

其中，程序的第 1 行为目标函数，第 2 行和第 3 行为约束条件，第 4 行限制变量为整数.

计算结果如下：

Global optimal solution found.

Objective value:	105.0000
Objective bound:	105.0000
Infeasibilities:	0.000000
Extended solver steps:	0
Total solver iterations:	0
Model Class:	PILP
Total variables:	2
Nonlinear variables:	0
Integer variables:	2
Total constraints:	3
Nonlinear constraints:	0
Total nonzeros:	6
Nonlinear nonzeros:	0

Variable	Value	Reduced Cost
X1	7.000000	−15.00000
X2	0.000000	−12.00000

从上述求解结果可以看出，求得的为 Global optimal solution（全局最优解），Objective value（目标函数值）为 105，Objective bound（目标函数的界）为 105，Model Class（模型类型）是 PILP（纯整数线性规划），最优解为 X1＝7，X2＝0. 即生产 7 件产品I，不生产产品II，可获得最大利润，最大利润为 105 元.

例 3.2.2 用 Lingo 软件求解例 3.1.2.

解 编写 Lingo 程序如下：

max = 30 * x1 + 42 * x2 + 20 * x3 + 35 * x4 + 40 * x5 + 36 * x6 + 48 * x7 + 38 * x8 + 50 * x9 + 37 * x10 + 28 * x11 + 30 * x12 + 19 * x13 + 50 * x14 + 32 * x15 + 35 * x16;

75 * x1 + 90 * x2 + 100 * x3 + 85 * x4 + 80 * x5 + 95 * x6 + 110 * x7 + 105 * x8 + 120 * x9 + 115 * x10 + 85 * x11 + 75 * x12 + 100 * x13 + 120 * x14 +

```
95 * x15 + 90 * x16< = 1000;
x1 + x2 + x3 + x4> = 2;
x5 + x6 + x7< = 1;
x8 + x9 + x10< = 2;
x11 + x12> = 1;
x13 + x14 + x15 + x16> = 3;
@bin(x1);
@bin(x2);
@bin(x3);
@bin(x4);
@bin(x5);
@bin(x6);
@bin(x7);
@bin(x8);
@bin(x9);
@bin(x10);
@bin(x11);
@bin(x12);
@bin(x13);
@bin(x14);
@bin(x15);
@bin(x16);
```

通过 Lingo 求解，可以得到：在投资额不超过 1 000 万元的资金限制下，应当在 B_1、B_2、B_4、B_7、B_8、B_9、B_{12}、B_{14}、B_{15}、B_{16} 设立储蓄所，可获得最大年利润. 最大年利润为 390 万元.

例 3.2.3 用 Lingo 软件求解例 3.1.3.

解 编写 Lingo 程序如下：

```
model:
! 4 人 4 工作的分配问题
sets:
persons/per1,per2,per3,per4/:capacity;
works/A,B,C,D/:demand;
links(persons,works):time,assignment;
endsets
! 目标函数
min = @sum(links:time * assignment);
```

! 关于工作的约束

@for(works(J):

  @sum(persons(I):assignment(I,J)) = demand(J));

! 关于人的约束

@for(persons(I):

  @sum(works(J):assignment(I,J)) = capacity(I));

! 数据

data：

capacity = 1 1 1 1;

demand = 1 1 1 1;

time = 32 40 28 42

     46 43 30 52

     38 58 35 41

     31 56 27 49;

enddata

end

通过 Lingo 求解，可以得到：最优方案为甲做 B，乙做 C，丙做 D，丁做 A，所需的总时间为 142 h.

例 3.2.4 用 Lingo 软件求解例 3.1.4.

解 编写 Lingo 程序如下：

max = 12 * x1 + 13 * x2 + 10 * x3;

x1 − 10000 * y1< = 0;

x2 − 10000 * y2< = 0;

x3 − 10000 * y3< = 0;

y1 + y2 + y3< = 2;

x1< = 8;

x2< = 6;

x3< = 7;

2 * x1 + 3 * x2 + 5 * x3 − 10000 * y4< = 18;

4 * x1 + 2 * x2 + 6 * x3 + 10000 * y4< = 10020;

@gin(x1);

@gin(x2);

@gin(x3);

@bin(y1);

@bin(y2);

@bin(y3);

@bin(y4);

计算结果如下：

Global optimal solution found.

Objective value：	102.0000
Objective bound：	102.0000
Infeasibilities：	0.000000
Extended solver steps：	0
Total solver iterations：	53
Elapsed runtime seconds：	0.23
Model Class：	PILP
Total variables：	7
Nonlinear variables：	0
Integer variables：	7
Total constraints：	10
Nonlinear constraints：	0
Total nonzeros：	23
Nonlinear nonzeros：	0

Variable	Value	Reduced Cost
X1	2.000000	−12.00000
X2	6.000000	−13.00000
X3	0.000000	−10.00000
Y1	1.000000	0.000000
Y2	1.000000	0.000000
Y3	0.000000	0.000000
Y4	1.000000	0.000000

从而可以得到以下决策方案：由工厂 2 生产新产品，其中，生产产品 1 2 个，生产产品 2 6 个，不生产产品 3，可获最大利润为 102 百元.

3.3 整数规划的应用

在现实生活的许多领域中都有整数规划模型，这里仅介绍其中的几个典型问题，以便读者初步了解整数规划模型的重要性.

3.3.1 下料问题

例 3.3.1 制造某种机床，每台用长为 2.9 m、2.1 m 和 1.5 m 的轴件各一根. 已知 3 种轴件都要用长 7.4 m 的圆钢下料. 若计划生产 100 台机床，最少要用多少根圆钢？

解 对于下料问题，首先要确定采用哪些下料方式. 所谓下料方式，就是指按照要求的长度在圆钢上安排下料的一种组合. 例如，可以在每一根圆钢上截取2.9 m、2.1 m 和 1.5 m 的轴件各一根，每根圆钢剩下余料 0.9 m. 显然，可行的下料方式是很多的.

其次，应当明确哪些下料方式是合理的. 合理的下料方式通常要求余料不应大于或等于轴件的最小尺寸. 为此，只需找出所有合理的下料方式，如表 3-5 所示.

表 3-5　所有合理的下料方式

轴件	一根圆钢所截各类轴件数/件								需求量/件
	1	2	3	4	5	6	7	8	
2.9 m	2	1	1	1	0	0	0	0	100
2.1 m	0	2	1	0	3	2	1	0	100
1.5 m	1	0	1	3	0	2	3	4	100
余料/m	0.1	0.3	0.9	0	1.1	0.2	0.8	1.4	

现在问题归结为：采用上面 8 种下料方式各截多少根圆钢，才能配成 100 套轴件，且使圆钢的总下料根数最少？

设 x_j 为按第 j 种截法下料的圆钢的数量，由此，可得该问题的数学模型如下：

$$\min z = x_1 + x_2 + x_3 + x_4 + x_5 + x_6 + x_7 + x_8$$

$$\text{s. t.} \begin{cases} 2x_1 + x_2 + x_3 + x_4 \geq 100 \\ 2x_2 + x_3 + 3x_5 + 2x_6 + x_7 \geq 100 \\ x_1 + x_3 + 3x_4 + 2x_6 + 3x_7 + 4x_8 \geq 100 \\ x_j \geq 0 \\ x_j \text{ 为整数 } (j=1, 2, \cdots, 8) \end{cases}$$

编写 Lingo 程序如下：

```
min = x1 + x2 + x3 + x4 + x5 + x6 + x7 + x8;
2 * x1 + x2 + x3 + x4> = 100;
2 * x2 + x3 + 3 * x5 + 2 * x6 + x7> = 100;
x1 + x3 + 3 * x4 + 2 * x6 + 3 * x7 + 4 * x8> = 100;
@gin(x1);
@gin(x2);
@gin(x3);
@gin(x4);
@gin(x5);
@gin(x6);
```

```
@gin(x7);
@gin(x8);
```

应用 Lingo 软件进行求解，得出：按第 1 种截法下料 40 根，按第 2 种截法下料 20 根，按第 6 种截法下料 30 根，可使圆钢的总下料根数最少．此时，圆钢总下料根数为 90 根．

3.3.2　选址问题

例 3.3.2　某县教育局为了方便学生入学，计划在邻近的 4 个村庄中的两个各设立一所小学．各村庄内以及各村庄间的平均步行时间（min）与各村庄的学生人数如表 3-6 所示．该县教育局希望：两所小学的招生人数相同，学生总的步行时间最短．问：两所小学应分别建于哪两个村庄，以及各村庄的学生应分配到哪所小学上学才能符合教育局的要求？

表 3-6　各村庄内以及各村庄间的平均步行时间与各村庄的学生人数

村庄	各村庄间的平均步行时间/min				学生人数/人
	1	2	3	4	
1	4	15	20	25	200
2	15	6	12	10	150
3	20	12	5	18	300
4	25	10	18	5	250

解　设 y_{ij} 为第 i 个村庄的学生去第 j 个村庄上学的人数，若第 j 个村庄建立小学，令 $x_j=1$；否则，令 $x_j=0$，i，$j=1$，2，3，4．则该问题的数学模型为

$$\min z = 4y_{11}+15y_{12}+20y_{13}+25y_{14}+15y_{21}+6y_{22}+12y_{23}+10y_{24}+$$
$$20y_{31}+12y_{32}+5y_{33}+18y_{34}+25y_{41}+10y_{42}+18y_{43}+5y_{44}$$

$$\text{s. t.} \begin{cases} x_1+x_2+x_3+x_4=2 \\ y_{11}+y_{12}+y_{13}+y_{14}=200 \\ y_{21}+y_{22}+y_{23}+y_{24}=150 \\ y_{31}+y_{32}+y_{33}+y_{34}=300 \\ y_{41}+y_{42}+y_{43}+y_{44}=250 \\ y_{11}+y_{21}+y_{31}+y_{41}=450x_1 \\ y_{12}+y_{22}+y_{32}+y_{42}=450x_2 \\ y_{13}+y_{23}+y_{33}+y_{43}=450x_3 \\ y_{14}+y_{24}+y_{34}+y_{44}=450x_4 \\ x_j=0 \text{ 或 } 1 \ (j=1,2,3,4) \\ y_{ij}\geqslant 0 \text{ 且取整数 } (i,j=1,2,3,4) \end{cases}$$

编写 Lingo 程序如下：

```
sets:
village/1..4/:stunum,x;
links(village,village):t,y;
endsets
data:
stunum = 200,150,300,250;
t = 4 15 20 25
15 6 12 10
20 12 5 18
25 10 18 5;
enddata
min = @sum(links:t * y);
@sum(village:x) = 2;
@for(village(i):
@sum(village(j):y(i,j)) = stunum(i));
@for(village(j):
@sum(village(i):y(i,j)) = 450 * x(j));
@for(links:@gin(y));@for(village:@bin(x));
```

计算结果如下：

```
Global optimal solution found.
Objective value:                      8500.000
Model Class:                          PILP
```

Variable	Value	Reduced Cost
STUNUM(1)	200.0000	0.000000
STUNUM(2)	150.0000	0.000000
STUNUM(3)	300.0000	0.000000
STUNUM(4)	250.0000	0.000000
X(1)	0.000000	0.000000
X(2)	0.000000	0.000000
X(3)	1.000000	0.000000
X(4)	1.000000	0.000000
T(1,1)	4.000000	0.000000
T(1,2)	15.00000	0.000000
T(1,3)	20.00000	0.000000
T(1,4)	25.00000	0.000000

T(2,1)	15.00000	0.000000
T(2,2)	6.000000	0.000000
T(2,3)	12.00000	0.000000
T(2,4)	10.00000	0.000000
T(3,1)	20.00000	0.000000
T(3,2)	12.00000	0.000000
T(3,3)	5.000000	0.000000
T(3,4)	18.00000	0.000000
T(4,1)	25.00000	0.000000
T(4,2)	10.00000	0.000000
T(4,3)	18.00000	0.000000
T(4,4)	5.000000	0.000000
Y(1,1)	0.000000	4.000000
Y(1,2)	0.000000	15.00000
Y(1,3)	150.0000	20.00000
Y(1,4)	50.00000	25.00000
Y(2,1)	0.000000	15.00000
Y(2,2)	0.000000	6.000000
Y(2,3)	0.000000	12.00000
Y(2,4)	150.0000	10.00000
Y(3,1)	0.000000	20.00000
Y(3,2)	0.000000	12.00000
Y(3,3)	300.0000	5.000000
Y(3,4)	0.000000	18.00000
Y(4,1)	0.000000	25.00000
Y(4,2)	0.000000	10.00000
Y(4,3)	0.000000	18.00000
Y(4,4)	250.0000	5.000000

即在第 3 个村庄和第 4 个村庄建立小学，第 1 个村庄中的 150 名学生和第 3 个村庄的全部学生到第 3 个村庄的小学上学，第 1 个村庄中的 50 名学生和第 2 个村庄、第 4 个村庄的全部学生到第 4 个村庄的小学上学，总的上学步行时间为 8 500 min.

3.3.3　连续投资问题

例 3.3.3　某公司在今后 5 年内考虑给下列项目投资，已知条件如下：

项目 1：从第 1 年到第 4 年每年年初需要投资，并于次年年末回收本利

115％，但要求第 1 年要么不投资，要么投资金额在 4 万元以上，第 2 年、第 3 年、第 4 年不限.

项目 2：第 3 年年初需要投资，到第 5 年年末能回收本利 125％，但规定要么不投资，要么投资金额在 3 万元以上，最高金额为 5 万元.

项目 3：第 2 年年初需要投资，到第 5 年年末能回收本利 140％，但规定要么不投资，要么其投资金额为 2 万元.

项目 4：5 年内每年年初可购买公债，于当年年末归还，并加利息 8％，此项投资金额不限.

该部门现有资金 20 万元. 问：应如何给这些项目投资，使到第 5 年年末拥有的资金本利总额为最大？

解 设 x_{ij} 为第 i 个项目第 j 年年初的投资金额，$i=1$，2，3，4；$j=1$，2，3，4，5；z 为该部门第 5 年年末的资金本利总额. 若第 1 年投资项目 1，令 $y_1=1$，否则，令 $y_1=0$；若第 3 年投资项目 2，令 $y_2=1$，否则，令 $y_2=0$；若第 2 年投资项目 3，令 $y_3=1$，否则，令 $y_3=0$.

从而，可建立该问题的数学模型如下：

$$\max z = 1.15x_{14} + 1.25x_{23} + 1.4x_{32} + 1.08x_{45}$$

$$\text{s. t.} \begin{cases} x_{11} + x_{41} = 20 \\ x_{12} + x_{32} - 1.08x_{41} + x_{42} = 0 \\ -1.15x_{11} + x_{13} + x_{23} - 1.08x_{42} + x_{43} = 0 \\ -1.15x_{12} + x_{14} - 1.08x_{43} + x_{44} = 0 \\ -1.15x_{13} - 1.08x_{44} + x_{45} = 0 \\ x_{11} - 4y_1 \geqslant 0 \\ x_{11} - 20y_1 \leqslant 0 \\ x_{23} - 5y_2 \leqslant 0 \\ x_{23} - 3y_2 \geqslant 0 \\ x_{32} - 2y_3 = 0 \\ x_{ij} \geqslant 0 \ (i=1, 2, 3, 4; j=1, 2, 3, 4, 5) \\ y_k = 0, 1 \ (k=1, 2, 3) \end{cases}$$

显然，该问题为混合整数规划问题. 编写 Lingo 程序如下：

```
max = 1.15 * x14 + 1.25 * x23 + 1.4 * x32 + 1.08 * x45；
x11 + x41 = 20；
x12 + x32 - 1.08 * x41 + x42 = 0；
- 1.15 * x11 + x13 + x23 - 1.08 * x42 + x43 = 0；
- 1.15 * x12 + x14 - 1.08 * x43 + x44 = 0；
- 1.15 * x13 - 1.08 * x44 + x45 = 0；
x11 - 4 * y1> = 0；
```

x11 − 20 * y1 < = 0；

x23 − 5 * y2 < = 0；

x23 − 3 * y2 > = 0；

x32 − 2 * y3 = 0；

@bin(y1)；

@bin(y2)；

@bin(y3)；

通过 Lingo 求解，可得以下最优投资方案.

第 1 年年初将所有资金 20 万元全部用来投资项目 4，年底收到本利共 21.6 万元.

第 2 年年初将 2 万元资金投入项目 3，剩余 19.6 万元用于投资项目 4，年底收到本利共 21.168 万元.

第 3 年年初将所有资金 21.168 万元投资项目 4，年底得本利共 22.861 44 万元.

第 4 年年初将所有资金 22.861 44 万元投资项目 4，年底得本利共 24.690 36 万元.

第 5 年年初将所有资金 24.690 36 万元投资项目 4，到年底时得到的本利加上项目 3 投资所得共计 29.465 58 万元.

习题 3

1. 某公司计划在市区的东、西、南、北四区建立销售门市部，拟议中有 10 个位置 A_i（$i = 1$，2，…，10）可供选择，考虑到各地区居民的消费水平及居民居住密度，公司有以下规定：

在东区由 A_1、A_2、A_3 三个点中至多选择两个.

在西区由 A_4、A_5 两个点中至少选一个.

在南区由 A_6、A_7 两个点中至少选一个.

在北区由 A_8、A_9、A_{10} 三个点中至多选择两个.

A_i 各点的设备投资及每年可获利润由于地点不同都是不一样的，预测情况如表 3−7 所示.

表 3−7　预计各点的设备投资及每年可获利润　　单位：万元

项目	A_1	A_2	A_3	A_4	A_5	A_6	A_7	A_8	A_9	A_{10}
投资额	50	60	75	40	35	45	40	70	80	90
利润	18	20	25	11	10	15	12	24	29	30

要求投资总额不能超过 360 万元. 问：应选择哪几个位置建立销售门市部，可使年利润为最大？

2. 某投资公司有 6 个项目被列入投资计划，各项目的投资额和期望的投资收益见表 3−8.

表 3−8　各项目的投资额和期望的投资收益　　　单位：万元

项目	投资额	收益	项目	投资额	收益
1	200	160	4	150	90
2	300	220	5	250	170
3	100	65	6	350	260

该公司现有可用资金共 1 000 万元，由于技术原因，投资受以下限制.

(1) 在项目 1、2、3 中至少有一项被选中.

(2) 项目 3、4、5 中只能选一项.

(3) 项目 6 被选中的前提是项目 1 必须被选中.

如何在上述条件下，选择一个最好的投资方案，使收益最大？

3. 设有 n 个投资项目，其中第 j 个项目需要资金 a_j 万元，将来可获利润 c_j 万元. 若现有资金总额为 b 万元，则应选择哪些投资项目，才能获利最大？

4. 甲、乙、丙、丁四人加工 A、B、C、D 四种工件所需时间（min）如表 3−9 所示. 应指派何人加工何种工件，能使总的加工时间最少？

表 3−9　工人加工 A、B、C、D 四种工件所需时间　　　单位：min

工人	A	B	C	D
甲	14	9	4	15
乙	11	7	9	10
丙	13	2	10	5
丁	17	9	15	13

5. 分配甲、乙、丙、丁四人去完成 5 项工作. 每人完成各项工作的时间（min）见表 3−10 所示. 由于工作数多于人数，因而其中一个人可完成两项工作，其余 3 个人每人完成一项.

(1) 试确定总花费时间最少的指派方案.

(2) 若表中数字表示完成工作所创造的利润（元），指派方案会有变化吗？

(3) 在问题（2）的前提下，如果将表中数字都乘以 10，然后求解，最优解有无变化？

表 3－10　每人完成各项工作的时间　　　　　　单位：min

工人	A	B	C	D	E
甲	20	25	30	41	35
乙	36	37	24	18	32
丙	33	26	29	42	30
丁	22	43	35	22	46

6. 有 5 个工人甲、乙、丙、丁、戊，要从中挑选 4 人去完成 4 项不同的任务，已知每人完成各项任务的时间（min）如表 3－11 所示. 现规定每项任务只能由一个人单独完成，每个人最多承担一项任务，又假定甲不能承担第 Ⅲ 项任务，丁不能承担第 Ⅳ 项任务. 问：在满足上述条件下，如何分配任务使完成 4 项任务总的花费时间最少？

表 3－11　每人完成各项任务的时间　　　　　　单位：min

工人	I	II	III	IV
甲	8	4	—	20
乙	3	9	5	12
丙	6	13	11	18
丁	10	2	8	—
戊	9	7	17	15

7. 试引入 0－1 变量将下列各题分别表示为一般线性约束条件.

（1）$x_1 + x_2 \leqslant 16$ 或 $2x_1 + 3x_2 \geqslant 5$ 或 $x_1 + 2x_2 \leqslant 10$.

（2）若 $x_1 \leqslant 15$，则 $x_2 \geqslant 10$，否则 $x_2 \leqslant 6$.

8. 某人有一背包可以装 20 kg 重、0.05 m³ 的物品. 他准备用来装甲、乙两种物品，每件物品的重量、体积和价值如表 3－12 所示. 问：两种物品各装多少件，能使得所装物品的总价值最大？

表 3－12　每件物品的重量、体积和价值

物品	重量/(kg/件)	体积/(m³/件)	价值/(元/件)
甲	2.4	0.004	8
乙	1.6	0.005	6

9. 在上个问题中，假如此人还有一只旅行箱，最大载重量为 24 kg，其体积为 0.04 m³. 又背包和旅行箱二者只能选择其一. 试针对下述情形，分别建立数学模型，使所装物品价值最大.

（1）所装物品不变.

（2）如果选择旅行箱，则只能装载丙和丁两种物品，价值分别是 8 元/件和 6 元/件，载重量和体积的约束为

$$3.6x_1+1.2x_2\leqslant24，3x_1+2x_2\leqslant40$$

10. 企业计划生产 5 000 件某种产品，该产品可以以自己加工、外协加工任意一种形式生产. 已知每种生产形式的固定成本、生产该产品的变动成本以及每种生产形式的最大加工数量如表 3－13 所示. 问：怎样安排产品的加工使总成本最小？

表 3－13　各种生产形式的固定成本、变动成本及最大加工数量

生产形式	固定成本/元	变动成本/(元/件)	最大加工数量/件
本企业加工	600	7	2 000
外协加工 1	900	6	2 500
外协加工 2	700	9	不限

11. 制造某种机床需要 A、B 两种轴件，其规格、需要量如表 3－14 所示. 各种轴件都用长 10 m 的圆钢来截毛坯. 如果制造 100 台机床，最少要用多少根圆钢？

表 3－14　两种轴件的规格、需要量

轴件	规格/m	每台机床所需轴件数量/件
A	3	2
B	4	3

12. 某钢筋车间要用一批长度为 5.5 m 的钢筋下料，制作长度为 3.1 m 的钢筋 60 根、2.1 m 的钢筋 90 根和 1.2 m 的钢筋 100 根. 问：怎样下料最省？

13. 某种商品有 n 个销地，各销地的需求量分别为 $a_j(j=1，2，\cdots，n)$ t/天. 现拟在 m 个地点中选址建厂，来生产这种商品以满足供应，且规定一地最多只能建一个工厂. 若选 i 地建厂，将来生产能力为 b_i t/天，固定费用为 $d_i(i=1，2，\cdots，m)$ 元/天. 已知产地 i 至销地 j 的运价为 c_{ij} 元/t. 问：应如何选择厂址和安排调运，使总费用最少？

14. 某厂拟用 M 元资金购买 m 种设备 A_1，A_2，$\cdots$，A_m，其中设备 A_i 单价为 $p_i(i=1，2，\cdots，m)$. 现有 n 个地点 B_1，B_2，$\cdots$，B_n 可装置这些设备，其中 B_j 处最多可装置 b_j 台 $(j=1，2，\cdots，n)$. 预计将一台设备 A_i 装置于 B_j 处可获纯利 c_{ij} 元，则应如何购置这些设备，才能使预计总利润为最大？

15. 某容器公司制造小、中、大 3 种尺寸的金属容器，所用资源为金属板、劳动力和机器设备，制造一个容器所需各种资源的数量如表 3－15 所示.

表 3—15　制造一个容器所需各种资源的数量

资源	小号容器	中号容器	大号容器
金属板/t	2	5	9
劳动力/(人/月)	2	3	5
机器设备/(台/月)	1	2	4

不考虑固定费用，每种容器售出一只所得的利润分别为 5 万元、6 万元、7 万元，可使用的金属板为 600 t，劳动力为 360 人/月，机器设备为 160 台/月，此外，不管每种容器制造的数量是多少，都要支付一笔固定费用：小号为 100 万元，中号为 130 万元，大号为 180 万元. 问：如何制订生产计划，使获得的利润最大？

案例分析

案例 1：工厂选址问题

某企业在 A_1 地已有一个工厂，其产品的生产能力为 35 千箱，为了扩大生产，打算在 A_2、A_3、A_4、A_5 地中再选择几个地方建厂. 已知在 A_2 地建厂的固定成本为 180 千元，在 A_3 地建厂的固定成本为 300 千元，在 A_4 地建厂的固定成本为 360 千元，在 A_5 地建厂的固定成本为 500 千元. 另外，A_1 的产量，A_2、A_3、A_4、A_5 建厂后的产量，那时销地的销量以及产地到销地的单位运价（千元/千箱）如表 3—16 所示.

（1）问应该在哪几个地方建厂，在满足销量的前提下，使得总的固定成本和总的运输费用之和最小.

（2）如果由于政策要求必须在 A_2、A_3 地建一个厂，应在哪几个地方建厂？

表 3—16　建厂后各产地的产量、各销地的销量以及产地到销地的单位运价

产地	各产地到各销地的单位运价/(千元/千箱)			产量/千箱
	销地 B_1	销地 B_2	销地 B_3	
A_1	8	3	3	35
A_2	6	2	5	15
A_3	5	4	7	25
A_4	9	8	6	35
A_5	12	5	2	40
销量/千箱	35	25	25	

案例 2：机票购买策略

某公司的张总经理常驻公司的北京总部，但他需要去广州营业部检查指导工作．已知第三季度他去广州的日程安排如表 3－17 所示．这样在 7 月 1 日就可以提前预订所有航班机票．表 3－18 给出北京－广州间提前不同时间预订的单程或往返机票价．航空公司规定，如机票往返日期间隔超过 15 天，票价额外优惠 100 元，超过 30 天额外优惠 200 元，超过 60 天额外优惠 300 元．试为张总经理找出一个总支出最少的购票策略．

表 3－17　张总经理行程安排

北京→广州	广州→北京	北京→广州	广州→北京
7 月 2 日	7 月 6 日	9 月 4 日	9 月 9 日
7 月 22 日	7 月 25 日	9 月 22 日	9 月 26 日
8 月 11 日	8 月 14 日		

表 3－18　机票价

提前预订天数/d	单程/元	往返/元
＜15	1 920	3 200
≥15	1 536	2 560
≥30	1 344	2 240
≥60	1 152	1 920

第 4 章

目标规划

本章学习目标

- 理解目标规划的基本概念
- 了解目标规划在多目标决策中的作用
- 掌握目标规划的建模和基本求解方法
- 掌握目标规划在经济管理中的应用

4.1 目标规划问题及其数学模型

在经济建设和生产管理中，很多决策问题往往需要同时考虑多个目标的优化问题，即多目标决策问题. 此时，不能用求解单目标问题的方法来求解该类问题. 目标规划是解决多目标决策问题的方法，它把多目标决策问题转化为线性规划问题来求解，因此仍属于线性规划的范畴.

下面通过具体实例来介绍目标规划的有关概念、数学模型以及目标规划与线性规划的区别.

例 4.1.1 某汽车生产厂每 5 h 可生产一辆 A 型号汽车，每 2.5 h 可生产一辆 B 型号汽车. 该厂每生产一辆 A、B 型号的汽车所需要的原材料都是 2 t，每年原材料的供应量为 1 600 t，全年的有效工时为 2 500 h，供应给 A 型号汽车用的轮胎每年可装配 400 辆. 根据调查，生产每辆 A、B 型号汽车所获利润分别为 4 000 元和 3 000 元. 问：该厂应如何安排生产计划可使每年所获利润最大？

解 设 x_1，x_2 分别为该汽车厂每年 A、B 两种型号汽车的产量（辆），z 为总利润（元），则可建立该问题的数学模型如下：

$$\max z = 4\,000x_1 + 3\,000x_2$$

$$\text{s. t.} \begin{cases} 2x_1 + 2x_2 \leqslant 1\,600 \\ 5x_1 + 2.5x_2 \leqslant 2\,500 \\ x_1 \leqslant 400 \\ x_1 \geqslant 0,\ x_2 \geqslant 0 \end{cases}$$

求解上述模型，得到最优解为 $x_1 = 200$，$x_2 = 600$，最优值为 $z^* = 260$ 万元. 即每年分别生产 A、B 型号汽车 200 辆、600 辆，可获得最大利润 260 万元.

事实上，该厂在制订生产计划时往往还需要考虑一些其他条件，如下几种情形.

(1) 希望达到或超过原计划利润指标 260 万元.

(2) 根据调查，A 型号汽车的市场需求最多 300 辆.

(3) 充分利用工厂的有效工时，尽量不加班.

(4) 原材料的消耗量不超过库存量.

这样，在制订生产计划时，就需要重新调整生产方案，于是就产生了一个多目标决策问题.

下面引入与建立目标规划模型有关的概念.

1. 正、负偏差变量 d^+，d^-

用正偏差变量 d^+ 表示决策值超过目标值的部分，负偏差变量 d^- 表示决策值未达到目标值的部分. 规定：若决策值超出目标值时，$d^+>0$，$d^-=0$；若决策值未达到目标值时，$d^->0$，$d^+=0$；当决策值与目标值相等时，$d^+=d^-=0$. 于是，可以得到 $d^+ \times d^-=0$，即决策值不可能既超过目标值又未达到目标值.

2. 绝对约束和目标约束

绝对约束是指必须严格满足的等式和不等式约束，如线性规划问题中的所有约束条件都是绝对约束. 目标约束是目标规划特有的约束，它把右端常数项作为要追求的目标值，在达到此目标值时允许发生正或负偏差，因此在目标表达式左端加入正、负偏差变量构成等式约束. 目标约束是由决策变量，正、负偏差变量及目标值构成的软约束. 与目标约束不同，绝对约束是硬约束，并且可以根据问题的需要转化为目标约束.

3. 优先等级（优先因子）与权系数

在一个目标规划模型中，并不是每一个目标都处于均等的地位. 在要求达到这些目标时，一般有主次先后之分，此时用优先因子来区分目标的重要程度，排在第一位的目标赋予优先因子 P_1，第二位的目标赋予优先因子 P_2，…，设共有 k 个优先因子，则规定 $P_i \gg P_{i+1}$，$i=1$，2，…，$k-1$. 也就是说，在求解过程中，首先要保证 P_1 级目标的实现，这时不需要考虑次级目标；而 P_2 级目标是在实现 P_1 级目标的基础上考虑的，依次类推. 在同一优先级别中，为区分不同目标的重要程度，可赋予它们不同的权系数. 权系数为数字，数字越大表明该目标越重要. 优先因子及权系数，均由决策者按具体情况来确定.

4. 目标规划的目标函数

目标规划的目标函数是由各目标约束的正、负偏差变量及其相应的优先因子、权系数构成的函数，决策者的要求是尽可能从某个方向缩小偏离目标的数值，使决策值尽可能达到目标值，因此目标函数应该是求极小：$\min f = f(d^+, d^-)$. 其基本形式有以下 3 种：

（1）要求恰好达到目标值，即正、负偏差变量尽可能地小，$\min z = f(d^+ + d^-)$．

（2）要求不超过目标值，即允许达不到目标值，但正偏差变量尽可能地小，$\min z = f(d^+)$．

（3）要求超过目标值，即超过量不限，但负偏差变量尽可能地小，$\min z = f(d^-)$．

对每一个具体的目标规划问题，可根据决策者的要求和赋予各目标的优先因子来构造目标函数．

例 4.1.2　在例 4.1.1 的基础上，考虑上文提到的 4 种情形，重新确定决策方案．

解　针对例 4.1.1 的问题，由于受到市场销售、原材料价格等情况的影响，适当调整生产计划，但要尽量保证利润不减少．依次考虑上面的 4 个目标．

（1）应尽可能达到或超过原计划利润指标 260 万元，即
$$4\,000x_1 + 3\,000x_2 + d_1^- - d_1^+ = 2\,600\,000.$$

（2）A 型号汽车的产量不应超过 300 辆，即
$$x_1 + d_2^- - d_2^+ = 300.$$

（3）充分利用工厂有效工时，不加班，即
$$5x_1 + 2.5x_2 + d_3^- - d_3^+ = 2\,500.$$

（4）原材料的消耗量不超过库存量，即
$$2x_1 + 2x_2 + d_4^- - d_4^+ = 1\,600.$$

根据目标之间的相对重要程度分等级和权重，求出相对最优解．

按照决策者要求，对上述 4 个目标赋予优先因子，分别以 P_1，P_2，P_3，P_4 表示．对于 P_1 级目标，负偏差变量尽可能地小，所以 $P_1 d_1^-$ 尽可能小；对于 P_2 级目标，要求不要超过，正偏差变量尽可能地小，所以 $P_2 d_2^+$ 尽可能小；对于 P_3 级目标，正、负偏差变量都要尽可能地小，所以 $P_3(d_3^+ + d_3^-)$ 尽可能小；对于 P_4 级目标，正偏差变量尽可能地小，所以 $P_4 d_4^+$ 尽可能小．

于是，可以得到下面的目标规划模型：
$$\min z = P_1 d_1^- + P_2 d_2^+ + P_3(d_3^+ + d_3^-) + P_4 d_4^+$$
$$\text{s. t.} \begin{cases} 4\,000x_1 + 3\,000x_2 + d_1^- - d_1^+ = 2\,600\,000 \\ x_1 + d_2^- - d_2^+ = 300 \\ 5x_1 + 2.5x_2 + d_3^- - d_3^+ = 2\,500 \\ 2x_1 + 2x_2 + d_4^- - d_4^+ = 1\,600 \\ x_1,\ x_2,\ d_i^-,\ d_i^+ \geqslant 0\ (i = 1,\ 2,\ 3,\ 4) \end{cases}$$

目标规划的一般数学模型为.

$$\min z = \sum_{l=1}^{L} P_l \sum_{k=1}^{K} (\omega_{lk}^- d_k^- + \omega_{lk}^+ d_k^+)$$

$$\text{s. t.} \begin{cases} \sum_{j=1}^{n} c_{kj} x_j + d_k^- - d_k^+ = g_k \ (k=1, 2, \cdots, K) \\ \sum_{j=1}^{n} a_{ij} x_j = (\leqslant, \geqslant) b_i \ (i=1, 2, \cdots, m) \\ x_j \geqslant 0 \ (j=1, 2, \cdots, n) \\ d_k^-, d_k^+ \geqslant 0 \ (k=1, 2, \cdots, K) \end{cases}$$

其中，$P_l(l=1, 2, \cdots, L)$ 为优先因子，且 $P_l \gg P_{l+1}(l=1, 2, \cdots, L-1)$；$\omega_{lk}^-$，$\omega_{lk}^+$ 为权系数，数值根据实际问题来确定；$c_{kj}(k=1, 2, \cdots, K; j=1, 2, \cdots, n)$ 为各目标的相关参数值；$g_k(k=1, 2, \cdots, K)$ 为第 k 个目标的指标值；$a_{ij}, b_i(j=1, 2, \cdots, n; i=1, 2, \cdots, m)$ 为系统约束的相关系数，它们均为已知常数.

至此，建立目标规划数学模型的步骤可以归纳为以下几步：

（1）根据实际问题所要满足的条件与达到的目标，设出决策变量，列出目标约束和绝对约束.

（2）通过引入正、负偏差变量将某些或全部绝对约束转化为目标约束.

（3）根据目标的主次，给出各级目标的优先因子 $P_l(l=1, 2, \cdots, L)$，对同一层次优先级的不同目标，按其重要程度赋予相应的权系数 ω_{lk}^+，ω_{lk}^-.

（4）确定各级的目标函数，然后构造一个由优先因子和权系数组成、要求最小化的总的目标函数.

4.2 目标规划问题的求解

目标规划问题，通常借助于序贯算法进行求解. 序贯算法，又称为动态求解算法，是一类应用较早的传统算法. 它的基本求解思路是首先根据优先级的先后次序，将目标规划问题分解成一系列的单目标规划问题，然后再依次求解，最后求得问题的最优解（满意解）.

然而，序贯算法的求解过程比较烦琐，不利于初学者掌握. 本节介绍求解目标规划问题的另外一种方法，该方法的实质为单纯形法. 应用这种方法处理目标规划问题时，可以针对不同的优先级赋予不同的数值，优先级越高，赋予的数值越大，对于某些特殊问题，可适当加大各优先级级差.

下面通过具体实例，利用 Lingo 软件来阐述这种方法的运用.

例 4.2.1 某机床厂生产甲、乙、丙 3 种机床，每生产一台甲、乙、丙机床需要的工时分别为 6 h、9 h、10 h，根据历史销售经验，甲、乙、丙 3 种机床每月市场需求分别为 10 台、12 台、8 台，每销售一台的利润分别为 2.2 万元、3 万元、4 万元. 生产线每月的工作时间为 240 h. 机床厂负责人在制订生产计划时，首先要保证利润不低于计划利润指标 78 万元；其次，根据市场调查，乙机床销量有下降的趋势，丙机床销量有上升的趋势，因而，乙机床的产量不应多于丙机床的产量；此外，由于市场变化，甲机床的原材料成本增加，使得利润下降，因而应适当降低其产量；最后，要充分利用原有的设备台时，尽量不要加班生产. 试为该厂制订合理的生产计划.

解 机床厂负责人在制订生产计划时要考虑下面 4 项目标，并按其重要程度排列如下：

第 1 个目标，达到或超过计划利润指标 78 万元，赋予优先因子 p_1.

第 2 个目标，乙机床的产量不应多于丙机床的产量，赋予优先因子 p_2.

第 3 个目标，甲机床的原材料成本增加，使得利润下降，应适当降低其产量，赋予优先因子 p_3.

第 4 个目标，应充分利用原有的设备台时，尽量不要加班生产，赋予优先因子 p_4.

下面通过建立目标规划模型来解决这个多目标决策问题.

1）确定决策变量

设 x_1 为甲机床的产量，x_2 为乙机床的产量，x_3 为丙机床的产量.

2）确定目标约束

（1）销售利润的目标约束. 用 d_1^- 和 d_1^+ 分别表示销售利润不足和超过 78 万元的部分，根据机床厂的目标要求（达到或超过计划利润指标 78 万元），有

$$\min z_1 = d_1^-$$
$$\text{s. t. } 2.2x_1 + 3x_2 + 4x_3 + d_1^- - d_1^+ = 78$$

（2）产量的目标约束. 用 d_2^- 和 d_2^+ 分别表示乙机床的产量不足和超过丙机床产量的部分，根据机床厂的目标要求（乙机床的产量不多于丙机床的产量），有

$$\min z_2 = d_2^+$$
$$\text{s. t. } x_2 - x_3 + d_2^- - d_2^+ = 0$$

（3）产量的另一目标约束. 用 d_3^- 和 d_3^+ 分别表示甲机床的产量不足和超过 10 台的部分，根据机床厂的目标要求（适当降低甲机床的产量），有

$$\min z_3 = d_3^+$$
$$\text{s. t. } x_1 + d_3^- - d_3^+ = 10$$

（4）加班时间的目标约束. 用 d_4^- 和 d_4^+ 分别表示机床厂每月的工作时间不足和超过 240 设备台时的部分，根据机床厂的目标要求（充分利用原有的设备台时，尽量不要加班生产），有

$$\min z_4 = d_4^- + d_4^+$$
$$\text{s. t. } 6x_1 + 9x_2 + 10x_3 + d_4^- - d_4^+ = 240$$

从而可得该问题的目标规划模型为

$$\min z = p_1 d_1^- + p_2 d_2^+ + p_3 d_3^+ + p_4(d_4^+ + d_4^-)$$

$$\text{s. t.} \begin{cases} x_1 \leqslant 10 \\ x_2 \leqslant 12 \\ x_3 \leqslant 8 \\ 2.2x_1 + 3x_2 + 4x_3 + d_1^- - d_1^+ = 78 \\ x_2 - x_3 + d_2^- - d_2^+ = 0 \\ x_1 + d_3^- - d_3^+ = 10 \\ 6x_1 + 9x_2 + 10x_3 + d_4^- - d_4^+ = 240 \\ x_1,\ x_2,\ x_3,\ d_i^-,\ d_i^+ \geqslant 0 \ (i = 1, 2, 3, 4) \end{cases}$$

下面应用 Lingo 软件来求解上述目标规划模型.

对应各个优先级，可分别设 $p_1 = 10\ 000$，$p_2 = 1\ 000$，$p_3 = 100$，$p_4 = 1$，从而有：

min = 10000 * d1_ + 1000 * d2 + 100 * d3 + d4_ + d4;

x1<= 10；

x2<= 12；

x3<= 8；

2.2 * x1 + 3 * x2 + 4 * x3 + d1_ - d1 = 78；

x2 - x3 + d2_ - d2 = 0；

x1 + d3_ - d3 = 10；

6 * x1 + 9 * x2 + 10 * x3 + d4_ - d4 = 240；

应用 Lingo 软件求解可得如下结果：

Variable	Value	Reduced Cost
D1_	0.000000	9669.667
D2	0.000000	0.000000
D3	0.000000	100.0000
D4_	28.00000	0.000000
D4	0.000000	2.000000
X1	10.00000	0.000000
X2	8.000000	0.000000
X3	8.000000	0.000000
D1	0.000000	330.3333
D2_	0.000000	1000.000
D3_	0.000000	0.000000

从计算结果可以看出，问题的最优解（满意解）为甲机床生产 10 台，乙机床和丙机床均生产 8 台，获得利润 78 万元，有 28 个设备台时未利用.

4.3 目标规划的应用

目标规划是一种非常有用的多目标决策工具，它在线性规划的基础上发展而来，比线性规划灵活，应用也更广泛．线性规划适用的范围，目标规划也都适用．本节将通过几个实例，介绍目标规划在一些实际问题中的应用．

4.3.1 生产计划问题

例 4.3.1 某企业接到了订购 15 000 件甲、乙两种产品的订货合同，合同中没有对这两种产品各自的数量做任何要求，但合同要求该企业在一周内完成生产任务并交货．根据该企业的生产能力，一周内可以利用的生产时间为 21 000 min，可利用的包装时间为 35 000 min，生产一件甲、乙产品的时间分别为 2 min 和 1 min，包装一件甲、乙产品的时间分别为 2 min 和 3 min．每件甲产品成本为 8 元，利润为 9 元；每件乙产品成本为 12 元，利润为 8 元．企业负责人首先考虑必须要按合同完成订货任务，并且既不要有不足量，也不要有超过量；其次要求销售额尽量达到或接近 260 000 元；最后考虑可以加班，但加班时间要尽量少．试为该企业制订合理的生产计划．

解 企业负责人确定下面 3 项要求作为企业的主要目标，并按其重要程度排列如下：

第 1 个目标，恰好生产和包装完成 15 000 件甲、乙两种产品，赋予优先因子 p_1．

第 2 个目标，完成或尽量达到销售额 260 000 元，赋予优先因子 p_2．

第 3 个目标，加班时间尽量少，赋予优先因子 p_3．

下面用目标规划来解决这个多目标规划问题．

1）确定决策变量

设 x_1 为甲产品的产量，x_2 为乙产品的产量．

2）确定目标约束

（1）产品产量的目标约束．用 d_1^- 和 d_1^+ 分别表示甲、乙两种产品的总产量不足和超过 15 000 件的部分，故有

$$\min z_1 = d_1^- + d_1^+$$
$$\text{s. t. } x_1 + x_2 + d_1^- - d_1^+ = 15\ 000$$

（2）销售额的目标约束．用 d_2^- 和 d_2^+ 分别表示销售额不足和超过 260 000 元的部分，根据企业的目标要求，有

$$\min z_2 = d_2^-$$
$$\text{s. t. } 17x_1 + 20x_2 + d_2^- - d_2^+ = 260\ 000$$

（3）加班时间的目标约束．用 d_3^- 和 d_3^+ 分别表示生产时间不足和超过 21 000 min 的部分，用 d_4^- 和 d_4^+ 分别表示包装时间不足和超过 35 000 min 的

部分，根据企业的目标要求（加班时间尽量少），有

$$\min z_3 = d_3^+ + d_4^+$$

$$\text{s. t.} \begin{cases} 2x_1 + x_2 + d_3^- - d_3^+ = 21\,000 \\ 2x_1 + 3x_2 + d_4^- - d_4^+ = 35\,000 \end{cases}$$

于是，该问题的目标规划模型可以写为

$$\min z = p_1(d_1^- + d_1^+) + p_2 d_2^- + p_3(d_3^+ + d_4^+)$$

$$\text{s. t.} \begin{cases} x_1 + x_2 + d_1^- - d_1^+ = 15\,000 \\ 17x_1 + 20x_2 + d_2^- - d_2^+ = 260\,000 \\ 2x_1 + x_2 + d_3^- - d_3^+ = 21\,000 \\ 2x_1 + 3x_2 + d_4^- - d_4^+ = 35\,000 \\ x_1,\ x_2,\ d_i^-,\ d_i^+ \geqslant 0\ (i=1,\ 2,\ 3,\ 4) \end{cases}$$

应用 Lingo 软件求解上述目标规划模型，得到的结果如表 4—1 所示（表中未列出的变量，均在满意方案时取值为 0）.

表 4—1　例 4.3.1 求解结果

变量	含义	解
x_1	甲产品的产量	10 000
x_2	乙产品的产量	5 000
d_2^+	超过 260 000 元的销售额/元	10 000
d_3^+	需要增加的生产时间/min	4 000

从计算结果可以看出，问题的最优解（满意解）为甲产品生产 10 000 件，乙产品生产 5 000 件，生产时间需要增加 4 000 min，销售额为 270 000 元.

4.3.2　图书销售问题

例 4.3.2　某书店现有 5 名全职销售员和 4 名兼职销售员，每名全职销售员和兼职销售员每月的工作时间分别为 150 h 和 70 h. 根据已有的销售记录，全职销售员平均每小时销售 12 本书，平均工资 15 元/ h，加班工资 24 元/h；兼职销售员平均每小时销售 6 本书，平均工资 10 元/h，加班工资 18 元/h. 已知每售出一本书的平均盈利为 5 元.

为提高下月销售额，书店经理提出几个要求：首先，图书的销售量不少于12 000 本，根据已有销售数据，销售员可能需要加班才能完成任务；其次，销售员如果加班过多，就会因为疲劳过度而使得工作效率下降，因此书店要求全职销售员每月加班不允许超过 100 h；此外，经理想要保持稳定的就业水平并且加倍优先考虑全职销售员的就业；最后，为了减少销售成本，尽量减少销售员工的加班时间，必须加班时依据对书店利润的贡献大小确定加班员

工，即优先考虑对书店利润贡献大的销售员．试为该书店制订下一个月的工作方案．

解 根据题意，确定问题的目标和优先级．

第 1 个目标，图书的销售量不少于 12 000 件，赋予优先因子 p_1．

第 2 个目标，全职销售员的加班时间不超过 100 h，赋予优先因子 p_2．

第 3 个目标，保持所有销售员的充分就业，要加倍优先考虑全职销售员，赋予优先因子 p_3．

第 4 个目标，尽量减少销售员的加班时间，必要时对两类销售员有所区别，优先权因子由他们对利润的贡献大小而定，赋予优先因子 p_4．

现在用目标规划来解决这个多目标决策问题．

1）确定决策变量

设 x_1 为所有全职销售员的工作时间，x_2 为所有兼职销售员的工作时间．

2）确定目标约束

（1）图书销售量的目标约束．用 d_1^- 和 d_1^+ 分别表示图书销售量达不到和超过销售目标 12 000 本的部分，故有

$$\min z_1 = d_1^-$$
$$\text{s. t. } 12x_1 + 6x_2 + d_1^- - d_1^+ = 12\ 000$$

（2）所有全职销售员加班时间的目标约束．用 d_2^- 和 d_2^+ 分别表示所有全职销售员加班时间不足和超过 100 h 的部分，根据问题要求，有

$$\min z_2 = d_2^+$$
$$\text{s. t. } x_1 + d_2^- - d_2^+ = 5 \times 150 + 100$$

（3）正常工作时间的目标约束．用 d_3^- 和 d_3^+ 分别表示所有全职销售员工作时间不足和超过 750 h 的部分，用 d_4^- 和 d_4^+ 分别表示所有兼职销售员工作时间不足和超过 280 h 的部分，有

$$\min z_3 = 2d_3^- + d_4^-$$
$$\text{s. t. } \begin{cases} x_1 + d_3^- - d_3^+ = 5 \times 150 \\ x_2 + d_4^- - d_4^+ = 4 \times 70 \end{cases}$$

（4）所有全职销售员和兼职销售员加班时间的目标约束．全职销售员加班1 h，书店获利 $12 \times 5 - 24 = 36$ 元；兼职销售员加班 1 h，书店获利 $6 \times 5 - 18 = 12$ 元，即全职销售员加班 1 h 对书店的利润贡献是兼职销售员的 3 倍，因此，相应的加权系数之比为 1∶3，于是

$$\min z_4 = d_3^+ + 3d_4^+$$
$$\text{s. t. } \begin{cases} x_1 + d_3^- - d_3^+ = 5 \times 150 \\ x_2 + d_4^- - d_4^+ = 4 \times 70 \end{cases}$$

可得该问题的目标规划模型为

$$\min z = p_1 d_1^- + p_2 d_2^+ + p_3 (2d_3^- + d_4^-) + p_4 (d_3^+ + 3d_4^+)$$

$$\text{s. t.} \begin{cases} 12x_1 + 6x_2 + d_1^- - d_1^+ = 12\,000 \\ x_1 + d_2^- - d_2^+ = 850 \\ x_1 + d_3^- - d_3^+ = 750 \\ x_2 + d_4^- - d_4^+ = 280 \\ x_1,\ x_2,\ d_i^-,\ d_i^+ \geqslant 0 \quad (i=1,\ 2,\ 3,\ 4) \end{cases}$$

应用 Lingo 软件求解上述目标规划模型，得到的结果见表 4-2（表中未列出的变量，均在满意方案时取值为 0）.

表 4-2　例 4.3.2 求解结果　　　　　单位：h

变量	含义	解
x_1	全职销售员的工作时间/h	850
x_2	兼职销售员的工作时间/h	300
d_3^+	全职销售员的加班时间/h	100
d_4^+	兼职销售员的加班时间/h	20

根据计算结果，全职销售员工作 850 h（加班 100 h），兼职销售员工作 300 h（加班 20 h），即可完成 12 000 本书的销售任务.

4.3.3　升级调资问题

例 4.3.3　某事业单位负责人在考虑本单位职工的升级调资方案时，依次遵守以下优先级顺序规定：

（1）年工资总额不超过 6 000 万元.

（2）升级时，每级的人数不超过定编规定的人数.

（3）Ⅱ、Ⅲ级的升级面尽可能达到现有人数的 20％，且无越级提升.

此外，Ⅲ级不足编制的人数可录用新职工，又Ⅰ级职工中有 10％要退休.

有关数据如表 4-3 所示，问该负责人应如何拟订一个满意的调资方案.

表 4-3　编制的有关数据

等级	工资额/(万元/年)	现有人数	编制人数
Ⅰ	20	100	120
Ⅱ	15	120	150
Ⅲ	10	160	160
合计	45	380	430

解　设 $x_j(j=1,\ 2,\ 3)$ 分别表示提升到Ⅰ、Ⅱ级和录用到Ⅲ级的新职工人数. 对各目标确定的优先因子为以下几个：

P_1：年工资总额不超过 6 000 万元.

P_2：每级的人数不超过定编规定的人数.

P_3：Ⅱ、Ⅲ级的升级面尽可能达到现有人数的 20%.

下面先分别建立各目标约束.

年工资总额不超过 6 000 万元：

$$20(100-100\times0.1+x_1)+15(120-x_1+x_2)+$$
$$10(160-x_2+x_3)+d_1^- -d_1^+ = 6\ 000$$

每级的人数不超过定编规定的人数：

对第Ⅰ级有：$100(1-10\%)+x_1+d_2^- -d_2^+ = 120$

对第Ⅱ级有：$120-x_1+x_2+d_3^- -d_3^+ = 150$

对第Ⅲ级有：$160-x_2+x_3+d_4^- -d_4^+ = 160$

Ⅱ、Ⅲ级的升级面尽可能达到现有人数的 20%：

对第Ⅱ级有：$x_1+d_5^- -d_5^+ = 120\times0.2$

对第Ⅲ级有：$x_2+d_6^- -d_6^+ = 160\times0.2$

目标函数为

$$\min z = P_1 d_1^+ + P_2(d_2^+ + d_3^+ + d_4^+) + P_3(d_5^- + d_6^-)$$

经过整理后得到下列目标规划：

$$\min z = P_1 d_1^+ + P_2(d_2^+ + d_3^+ + d_4^+) + P_3(d_5^- + d_6^-)$$

$$\text{s. t.}\begin{cases}5x_1+5x_2+10x_3+d_1^- -d_1^+ = 800 \\ x_1+d_2^- -d_2^+ = 30 \\ -x_1+x_2+d_3^- -d_3^+ = 30 \\ -x_2+x_3+d_4^- -d_4^+ = 0 \\ x_1+d_5^- -d_5^+ = 24 \\ x_2+d_6^- -d_6^+ = 32 \\ d_i^-,\ d_i^+,\ x_j \geqslant 0\ (i=1,\ 2,\ 3,\ 4,\ 5,\ 6;\ j=1,\ 2,\ 3)\end{cases}$$

应用 Lingo 软件求解该目标规划模型，得到的结果见表 4—4（表中未列出的变量，均在满意方案时取值为 0）.

表 4—4 例 4.3.3 求解结果

变量	含义	解
x_1	晋升到Ⅰ级的人数	24
x_2	晋升到Ⅱ级的人数	54
x_3	录用新职工的人数	0
d_1^-	工资总额的结余/万元	410
d_2^-	Ⅰ级缺编人数	6
d_3^-	Ⅱ级缺编人数	0
d_4^-	Ⅲ级缺编人数	54

4.3.4 运输问题

例 4.3.4 已知某种物资有 3 个产地、4 个销地，产、销地之间的供需量和单位运价（元/t）如表 4－5 所示. 有关部门在研究调运方案时依次考虑以下 7 项目标，并规定其相应的优先等级.

P_1：B_4 是重点保证单位，必须全部满足其需要.

P_2：A_3 向 B_1 提供的产量不少于 100 t.

P_3：每个销地的供应量不少于其需要量的 80%.

P_4：所定调运方案的总运费不超过最小运费调运方案中总运费的 10%.

P_5：因路段较差，尽量避免安排将 A_2 的产品运往 B_4.

P_6：B_1 和 B_3 的供应率要相同.

P_7：力求总运费最省.

试确定满意的调运方案.

表 4－5 产、销地之间的供需量和单位运价

产地	销地				产量/t
	B_1	B_2	B_3	B_4	
	各产地到各销地的单位运价/(元/t)				
A_1	5	2	6	7	300
A_2	3	5	4	6	200
A_3	4	5	2	3	400
销量/t	200	100	450	250	

解 不考虑上述 7 个目标，可求得最小运费调运方案如表 4－6 所示.

表 4－6 最小运费调运方案 单位：t

产地	销地				产量
	B_1	B_2	B_3	B_4	
	最小运费方案调运量				
A_1		100	200		300
A_2	200				200
A_3			250	150	400
销量	200	100	450	250	

此时，最小运费为 2 950 元.

下面考虑各项目标，建立该问题的目标规划模型.

设 x_{ij} 为从 A_i 运往 B_j 的该种物资的数量（t），$i=1$，2，3，$j=1$，2，3，4，则有

$$\min z = P_1 d_4^- + P_2 d_5^- + P_3(d_6^- + d_7^- + d_8^- + d_9^-) + P_4 d_{10}^+ + P_5 d_{11}^+ + \\ P_6(d_{12}^- + d_{12}^+) + P_7 d_{13}^+$$

$$\text{s. t.} \begin{cases} x_{11} + x_{12} + x_{13} + x_{14} \leqslant 300 \\ x_{21} + x_{22} + x_{23} + x_{24} \leqslant 200 \\ x_{31} + x_{32} + x_{33} + x_{34} \leqslant 400 \\ x_{11} + x_{21} + x_{31} + d_1^- - d_1^+ = 200 \\ x_{12} + x_{22} + x_{32} + d_2^- - d_2^+ = 100 \\ x_{13} + x_{23} + x_{33} + d_3^- - d_3^+ = 450 \\ x_{14} + x_{24} + x_{34} + d_4^- - d_4^+ = 250 \\ x_{31} + d_5^- - d_5^+ = 100 \\ x_{11} + x_{21} + x_{31} + d_6^- - d_6^+ = 200 \times 0.8 \\ x_{12} + x_{22} + x_{32} + d_7^- - d_7^+ = 100 \times 0.8 \\ x_{13} + x_{23} + x_{33} + d_8^- - d_8^+ = 450 \times 0.8 \\ x_{14} + x_{24} + x_{34} + d_9^- - d_9^+ = 250 \times 0.8 \\ \sum_{i=1}^{3} \sum_{j=1}^{4} c_{ij} x_{ij} + d_{10}^- - d_{10}^+ = 2\,950(1 + 10\%) \\ x_{24} + d_{11}^- - d_{11}^+ = 0 \\ (x_{11} + x_{21} + x_{31}) - \dfrac{200}{450}(x_{13} + x_{23} + x_{33}) + d_{12}^- - d_{12}^+ = 0 \\ \sum_{i=1}^{3} \sum_{j=1}^{4} c_{ij} x_{ij} + d_{13}^- - d_{13}^+ = 2\,950 \\ x_{ij},\ d_k^-,\ d_k^+ \geqslant 0\ (i=1,\ 2,\ 3;\ j=1,\ 2,\ 3,\ 4;\ k=1,\ 2,\ \cdots,\ 13) \end{cases}$$

应用 Lingo 软件对上述模型进行求解，结果如表 4—7 所示.（表中未列出的变量，均在满意方案时取值为 0）.

表 4—7　例 4.3.4 求解结果

变量	含义	解
x_{11}	A_1 到 B_1 的运量	60
x_{12}	A_1 到 B_2 的运量	80
x_{13}	A_1 到 B_3 的运量	110
x_{23}	A_2 到 B_3 的运量	200
x_{31}	A_3 到 B_1 的运量	100
x_{33}	A_3 到 B_3 的运量	50
x_{34}	A_3 到 B_4 的运量	250
d_1^-	B_1 未满足的需求	40

续表

变量	含义	解
d_2^-	B₂ 未满足的需求	20
d_3^-	B₃ 未满足的需求	90
d_9^+	B₄ 80%需求的超出量	50
d_{10}^-	总运费不足 2 950(1+10%) 的部分	75
d_{13}^+	总运费超过 2 950 的部分	220

从而，运输方案如表 4-8 所示.

表 4-8　运输方案　　　　单位：t

产地	销地				产量
	B₁	B₂	B₃	B₄	
	各产地到各销地运量				
A₁	60	80	110		300
A₂			200		200
A₃	100		50	250	400
销量	200	100	450	250	

总运费为 2 950+220=3 170 元.

习题 4

1. 简述目标规划模型与一般线性规划模型的不同.

2. 一个工厂生产甲、乙两种产品，该厂每天的生产能力为 140 工时，每单位甲、乙产品分别消耗 20 工时、10 工时，利润分别为 500 元、200 元. 根据市场需求，甲、乙产品每天最多只能分别生产 6 个单位、10 个单位.

(1) 为获得最大利润，试制订该厂的生产计划.

(2) 若该厂提出以下经营目标：总利润不低于 4 000 元；充分利用生产能力，且尽量不超过 140 工时. 试据此制订该厂的生产计划.

3. 某彩色电视机组装工厂生产 A、B、C 三种规格电视机，装配工作在同一生产线上完成，3 种产品装配时的工时消耗分别为 6 h、8 h、10 h. 生产线每月正常工作时间为 200 h，3 种规格电视机销售后，每台可获利润分别为 500 元、650 元和 800 元. 每月销量预计为 12 台、10 台、6 台. 该厂经营目标如下：

(1) 利润指定为每月 16 000 元.

(2) 充分利用生产能力.

(3) 加班时间不超过 24 h.

（4）产量以预计销售量为准.

为确定生产计划，试建立该问题的目标规划模型.

4. 某洗衣机厂生产全自动和半自动两种洗衣机，每生产一台洗衣机都需要1个工时，工厂的正常生产能力是每周80工时. 根据统计数据，每周市场上全自动和半自动洗衣机的需求分别为70台和35台. 为了制订合理的生产计划，负责人提出以下目标：

（1）尽量避免开工不足.

（2）可以加班，但每周加班最好不超过10 h.

（3）尽量满足市场需求.

（4）尽可能减少加班时间.

试建立该问题的目标规划模型，并为该厂制订一个满意的生产方案.

5. 某纺织厂生产两种布料：衣料布与窗帘布，利润分别为每米1.5元、每米2.5元. 该厂每周生产时间为90 h，每小时可生产任一种布料1 000 m. 根据市场分析，衣料布和窗帘布每周的销量分别为45 000 m和70 000 m. 试拟订生产计划满足以下目标.

（1）避免产品滞销.

（2）每周利润不低于225 000元.

（3）充分利用生产能力，尽量少加班.

6. 某市准备在下一年度预算中购置一批救护车，已知每辆救护车购置价为20万元. 救护车用于所属的两个郊区县，各分配 x_A 和 x_B 辆. A县救护站从接到电话到救护车出动的响应时间为 $(40-3x_A)$ min，B县相应的响应时间为 $(50-4x_B)$ min. 该市确定以下优先级目标：

（1）用于救护车购置费用不超过400万元.

（2）A县的响应时间不超过5 min.

（3）B县的响应时间不超过6 min.

试建立该问题的目标规划模型，并求出满意解.

7. 某商标的白酒采用A、B、C三个等级的酒兑制而成，若这3种等级的酒日供应量分别为1 500 kg、2 000 kg、1 000 kg，相应的单位成本分别为16元/kg、14.5元/kg、13元/kg. 设该种品牌的酒分红、黄、蓝3种商标，各种商标的酒对原料酒的混合比及售价如表4—9所示.

表4—9　白酒的兑制要求和售价

商标	兑制比例要求	单位售价/(元/kg)
红	C少于10%，A多于50%	15.5
黄	C少于70%，A多于20%	15.0
蓝	C少于50%，A多于10%	14.8

酒厂的决策者规定：首先必须严格按规定的比例兑制各种商标的酒；其次是获利最大；再次是红商标的酒每天至少生产 2 000 kg. 试为酒厂的决策者制订满意的白酒兑制方案.

8. 某工厂生产甲、乙两种产品，由 A、B 两组人员来生产. A 组人员熟练工人较多，工作效率高，成本也高；B 组人员新手较多，工作效率比较低，成本也较低. 有关数据如表 4—10 所示.

表 4—10　各组人员生产各产品的效果、成本及产品售价

产品	产品甲		产品乙	
人员	效率/(件/小时)	成本/(元/件)	效率/(件/小时)	成本/(元/件)
A 组	20	100	10	60
B 组	15	80	8	40
产品售价/(元/件)	150		100	

两组人员每天正常工作时间都是 8 h，每周 5 天，正常时间不够可以加班. 根据市场调查，市场上每周对甲、乙两种产品的需求分别是 1 000 件、500 件. 工厂根据利润、市场需求及生产能力，依次确定了下述目标：每周利润指标不低于 50 000 元；每周尽可能满足市场需求；每周两组的加班时间都不超过 15 h. 试建立该问题的目标规划模型，以便为该厂制订满意的生产计划.

9. 某公司下属 3 个小型煤矿 A_1、A_2、A_3，每天煤炭的产量分别为 12 t、10 t、10 t，供应 B_1、B_2、B_3、B_4 四个工厂，需求量分别为 6 t、8 t、6 t、10 t. 公司调运时依次考虑下述目标：A_1 产地因库存限制，应尽量全部调出；因煤质要求，B_4 需求最好由 A_3 供应；满足各销地需求；调运总费用尽可能少. 从煤矿至各厂调运的单位运价（元/t）如表 4—11 所示，试建立该问题的目标规划模型.

表 4—11　从煤矿至各厂调运的单位运价　　　　单位：元/t

煤矿	工厂			
	B_1	B_2	B_3	B_4
A_1	3	6	5	2
A_2	2	4	4	1
A_3	4	3	6	3

10. 东方造船厂生产用于内河运输的客货两用船. 已知下年度各季度的合同交货量、各季度正常及加班时间内的生产能力与相应的每条船的单位成本如表 4—12 所示.

表 4—12　各季度合同交货量、生产能力及每条船的单位成本

季度	合同交货/条	正常生产		加班生产	
		生产能力/条	成本/(百万元/条)	生产能力/条	成本/(百万元/条)
1	16	12	5.0	7	6.0
2	17	13	5.1	7	6.4
3	15	14	5.3	7	6.7
4	18	15	5.5	7	7.0

该厂在制订生产计划时依次考虑下述目标：按时完成合同交货；每季度末库存数不超过 2 条（年初无库存）；完成全年合同的总成本不超过 355 万元．试建立该问题的目标规划模型.

案例分析

案例 1：生产计划问题

一工厂生产两种产品 A 和 B，已知生产一件产品 A 需要耗费人力 3 工时，生产一件产品 B 需要耗费人力 4 工时．产品 A、B 的单位利润分别为 300 元和 150 元．为了最大效率地利用人力资源，确定生产的首要任务是保证人员高负荷生产，要求每周总耗费人力资源不能低于 700 工时，但也不能超过 780 工时的极限；次要任务是要求每周的利润超过 80 000 元．在前两个任务的前提下，为了保证库存需要，要求每周产品 A 和 B 的产量分别不低于 250 件和 125 件，因为产品 B 比产品 A 更重要，不妨假设产品 B 完成最低产量 125 件的重要性是产品 A 完成 250 件的重要性的 2 倍．问：工厂应如何拟订生产计划？

案例 2：人员招聘问题

一家企业准备为其在甲、乙两地设立的分公司招聘从事 3 个专业的职员 200 名，具体情况如表 4—13 所示.

表 4—13　各城市、各专业招聘人数

城市	专业	招聘人数	城市	专业	招聘人数
甲	技术	25	乙	技术	30
甲	销售	35	乙	销售	25
甲	会计	45	乙	会计	40

企业人力资源部门将经审查合格应聘的人员共 210 人，按适合从事专业、本人希望从事专业及本人希望工作的城市分成 6 个类别，具体情况如表 4—14 所示.

表 4—14　审查合格人员分类

类别	人数	适合从事专业	本人希望从事专业	希望工作的城市
1	35	技术、销售	技术	甲
2	35	销售、会计	销售	甲
3	35	技术、会计	技术	乙
4	35	技术、会计	会计	乙
5	35	销售、会计	会计	甲
6	35	会计	会计	乙

企业确定以下具体录用与分配的优先级顺序.

（1）企业恰好录用到应招聘而又适合从事该专业工作的职员.

（2）80％以上录用人员从事本人希望从事的专业.

（3）80％以上录用人员去本人希望工作的城市工作.

试为该企业拟订一个招聘计划.

第 5 章

非线性规划

本章学习目标

- 了解非线性规划问题的模型及解的特点
- 理解非线性规划问题的两种特殊模型
- 掌握非线性规划问题的建模及 Lingo 求解方法

5.1 非线性规划问题及其数学模型

5.1.1 引言

由前面内容可知，在科学管理和其他领域中，很多实际问题可以归结为线性规划问题，其目标函数和约束条件都是自变量的一次函数. 但是还有另外一些问题，其目标函数和（或）约束条件很难用线性函数表达. 如果目标函数或约束条件中含有非线性函数，就称这种问题为非线性规划问题. 解这种问题要用非线性规划的方法. 由于很多实际问题的需求以及电子计算机的发展，非线性规划在近几十年来得到长足发展. 目前，它已成为运筹学的重要分支之一，并在最优设计、管理科学、系统控制等许多领域得到越来越广泛的应用.

例 5.1.1 某公司专门生产储藏用容器，订货合同要求该公司制造一种散口的长方体容器，容积恰好为 12 m³，该种容器的底必须为正方形，容器总重量不超过 68 kg. 已知用作容器四壁的材料为 10 元/m²，面密度为 3 kg/m²；用作容器底的材料 20 元/m²，面密度为 2 kg/m². 试问制造该容器所需的最小费用是多少？

解 设该容器的底边长和高分别为 x_1 m、x_2 m，则有

目标函数

$$\min f(x) = 40x_1x_2 + 20x_1^2$$

约束条件

$$x_1^2 x_2 = 12$$
$$12x_1x_2 + 2x_1^2 \leqslant 68$$
$$x_1 \geqslant 0, \ x_2 \geqslant 0$$

该问题数学模型为

$$\min f(x) = 40x_1 x_2 + 20x_1^2$$

$$\text{s. t.} \begin{cases} x_1^2 x_2 = 12 \\ 12x_1 x_2 + 2x_1^2 \leqslant 68 \\ x_1 \geqslant 0, x_2 \geqslant 0 \end{cases}$$

此问题的数学模型中含有非线性函数，因此属于非线性规划问题.

5.1.2　非线性规划问题的一般模型

非线性规划模型的一般形式为

$$\min f(x)$$

$$\text{s. t.} \begin{cases} h_i(x) = 0 \ (i = 1, \cdots, m) \\ g_j(x) \geqslant 0 \ (j = 1, \cdots, l) \end{cases}$$

其中 $\boldsymbol{x} = (x_1, x_2, \cdots, x_n)^{\mathrm{T}}$ 是 n 维欧氏空间 E^n 中的向量（点）.

由于 $h_i(x) = 0$ 等价于 $h_i(x) \geqslant 0$ 且 $-h_i(x) \geqslant 0$，于是可将非线性规划的一般模型写成如下形式：

$$\min f(x)$$

$$\text{s. t. } g_j(x) \geqslant 0 \ (j = 1, \cdots, l)$$

5.1.3　非线性规划问题的两种特殊情况

1. 无约束非线性规划问题

当问题无约束条件时，称问题为无约束非线性规划问题，即为求多元函数的极值问题. 无约束非线性规划问题的一般模型为 $\min\limits_{x \in E^n} f(x)$.

例 5.1.2　设有一产品含有一化学气体，其含量在储存过程中随着时间增加而减少. 假定气体含量 η 随时间 ξ 的变化规律在 $\xi \geqslant 8$ 时满足关系 $\eta = a + (0.49 - a)\mathrm{e}^{-b(\xi - 8)}$，表 5-1 为实验观测得到的一组数据，$\eta$ 表示时刻 ξ 的气体含量. 试选择 a，b 的值，使实验数据尽可能符合关系式.

表 5-1　单位产品中气体的含量

序号	ξ	η	序号	ξ	η
1	8	0.44	11	20	0.38
2	10	0.43	12	22	0.36
3	10	0.42	13	22	0.35
4	12	0.41	14	24	0.37
5	12	0.40	15	24	0.35
6	14	0.38	16	26	0.36
7	16	0.39	17	28	0.36
8	18	0.41	18	30	0.36
9	18	0.40	19	32	0.35
10	20	0.37	20	36	0.33

解 此问题为选择 a，b 的值，使偏差的平方和

$$\delta(a, b) = \sum_{i=1}^{20} (\eta_i - a - (0.49 - a)e^{-b(\xi_i - 8)})^2 \text{ 达到最小，即}$$

$$\min \sum_{i=1}^{20} (\eta_i - a - (0.49 - a)e^{-b(\xi_i - 8)})^2，\text{式中 }(\xi_i, \eta_i) \text{ 的值由表 5-1 给出.}$$

2. 二次规划

如果目标函数是 x 的二次函数，约束条件都是线性的，则称此规划为二次规划. 很多问题可以抽象成二次规划的模型，二次规划和线性规划有直接联系，而且二次规划是非线性规划中比较容易求解的一个类型，比较容易求解. 因此，二次规划往往作为非线性规划的一类特殊问题单独研究.

例 5.1.3 某工厂要生产 A 和 B 两种新产品. 每生产一件产品 A 需要在车间 1 加工 1 h，在车间 3 加工 3 h；每生产一件产品 B 需要在车间 2 和车间 3 各加工 2 h. 车间 1 每周可用于生产这两种新产品的时间为 4 h，车间 2 为 12 h，车间 3 为 18 h. 已知每件产品 A 和产品 B 的单位毛利润为 300 元和 500 元，单位营销成本随着销量的增加而增加，设产品 A、B 的每周产量为 x_1、x_2，其单位营销成本为 $30x_1$、$60x_2$. 问如何安排生产计划，使工厂的总利润最大？

解 设产品 A、B 的每周产量为 x_1、x_2，产品 A 每周的毛利润为 $300x_1$，每周营销成本为 $(30x_1)x_1$，因此产品 A 每周的净利润为 $300x_1 - 30x_1^2$；产品 B 每周的毛利润为 $500x_2$，每周营销成本为 $(60x_2)x_2$，因此产品 B 每周的净利润为 $500x_2 - 60x_2^2$.

本题目标要求总利润最大，目标函数

$$\max z = 300x_1 - 30x_1^2 + 500x_2 - 60x_2^2$$

约束条件为每个车间每周可用工时限制和非负约束，即

$$x_1 \leqslant 4,$$

$$2x_2 \leqslant 12,$$

$$3x_1 + 2x_2 \leqslant 18,$$

$$x_1, \ x_2 \geqslant 0.$$

因此，该问题的数学模型为

$$\max z = 300x_1 - 30x_1^2 + 500x_2 - 60x_2^2$$

$$\text{s. t.} \begin{cases} x_1 \leqslant 4 \\ 2x_2 \leqslant 12 \\ 3x_1 + 2x_2 \leqslant 18 \\ x_1, \ x_2 \geqslant 0 \end{cases}$$

5.2　非线性规划问题的求解

5.2.1　非线性规划问题解的特点

由于非线性规划问题的复杂性和模型的多样性，使得非线性规划问题的求解变得十分复杂，求解方法有很多种，但目前还没有适用于解决各种问题的一般算法，各个方法都有自己特定的适用范围．另外，一种方法即便是可以用来求解一个非线性规划问题，也不一定能够求得问题的全局最优解．事实上，很多非线性规划问题未必存在全局最优解，即使存在全局最优解，也未必能求得．所以，实践中往往是根据实际问题的要求，设法寻求能够满足需求的局部最优解．

目前，规模较大的非线性规划问题通常通过计算机软件来处理，下面介绍如何通过 Lingo 软件求解非线性规划问题．

5.2.2　非线性规划问题的 Lingo 求解

在求解方法上，应用 Lingo 软件求解非线性规划问题与求解线性规划问题基本相同，所不同的是目标函数与约束函数是非线性函数．

例 5.2.1　用 Lingo 软件求解例 5.1.1.

解　编写 Lingo 程序如下：

$\min = 40 * x1 * x2 + 20 * x1\text{\textasciicircum}2$；

$x1\text{\textasciicircum}2 * x2 = 12$；

$12 * x1 * x2 + 2 * x1\text{\textasciicircum}2 < = 68$；

类似于线性规划的输入，程序第 1 行为目标函数，第 2 行和第 3 行为约束条件．

求解结果为：

```
Local optimal solution found.
Objective value:                        323.1779
Infeasibilities:                        0.1278098E-05
Extended solver steps:                  5
Best multistart solution found at step: 2
Total solver iterations:                45
Elapsed runtime seconds:                0.31
Model Class:                            NLP
Total variables:                        2
Nonlinear variables:                    2
Integer variables:                      0
```

Total constraints:		3
Nonlinear constraints:		3
Total nonzeros:		6
Nonlinear nonzeros:		6
Variable	Value	Reduced Cost
X1	2.690416	0.000000
X2	1.657839	0.000000
Row	Slack or Surplus	Dual Price
1	323.1779	−1.000000
2	−0.1278098E−05	−35.04007
3	−0.1242091E−05	4.522697

从上述输出结果可以看出，求得的为 Global optimal solution（全局最优解），Objective value（目标函数值）为 323.1779，Infeasibilities 为 0.1278098E−05，接近于 0，说明问题有最优解，Model Class（模型类型）是 NLP，即非线性规划. 最优解为 X1 = 2.690416，X2 = 1.657839，即容器的底边长和高分别约为 2.69 m 和 1.66 m，制造该容器的最小费用约为 323 元.

例 5.2.2 用 Lingo 软件求解例 5.1.2.

解 编写 Lingo 程序如下：

```
sets:
trial/1..20/:kesai,eta;
endsets
min = @sum(trial:(eta-a-(0.49-a) * @exp(-b * (kesai-8)))^2);
data:
kesai = 8,10,10,12,12,14,16,18,18,20,
        20,22,22,24,24,26,28,30,32,36;
eta = 0.44,0.43,0.42,0.41,0.40,0.38,0.39,0.41,0.40,0.37,
      0.38,0.36,0.35,0.37,0.35,0.36,0.36,0.36,0.35,0.33;
enddata
```

通过 Lingo 求解，输出结果为（只列出相关部分）：

Local optimal solution found.

Objective value:		0.7230712E−02
Infeasibilities:		0.000000
Variable	Value	Reduced Cost
A	0.3580064	0.8493312E−08
B	0.2262015	0.000000

得到估计气体含量随时间的变化规律的关系式为：

$$\eta = 0.358 + (0.49 - 0.358)e^{-0.2262(\xi - 8)}.$$

例 5.2.3 用 Lingo 软件求解例 5.1.3.

解 编写 Lingo 程序如下：

max = 300 * x1 – 30 * x1^2 + 500 * x2 – 60 * x2^2；

x1< = 4；

2 * x2< = 12；

3 * x1 + 2 * x2< = 18；

通过 Lingo 求解，输出结果为（只列出相关部分）：

Global optimal solution found.

Objective value：   1714.091

Infeasibilities：   0.000000

Total solver iterations：   6

Elapsed runtime seconds：   0.05

Model is convex quadratic

Model Class：   QP

Variable	Value	Reduced Cost
X1	3.545455	0.1062513E – 06
X2	3.681818	0.1034595E – 06

从上述输出结果可以看出，求得的为 Global optimal solution（全局最优解），Objective value（目标函数值）为 1714.091. Infeasibilities 为 0，说明问题有最优解. Model is convex quadratic，即模型是二次凸规划. Model Class（模型类型）是 QP，即二次规划. 最优解为 X1 = 3.545455，X2 = 3.681818. 如果需要求得整数解，可以在模型中增加对决策变量的整数性限制，在程序中要求决策变量为整数即可.

5.3 非线性规划模型的应用

非线性规划模型可用于解决生产实践中的很多问题，这里仅介绍其中的两类典型问题，以便读者初步掌握非线性规划问题的建模方法.

5.3.1 最优投资组合问题

管理大量证券投资组合的职业经理，经常需要用部分基于非线性规划的计算机模型来指导他们的工作，因为投资者不仅关心预期回报，还关心投资带来的相应风险，所以非线性规划经常用来确定投资的组合，该投资组合在一定的假设下可以获得收益和风险之间的最优平衡. 这种方法主要来自哈里·马克维茨（Harry Markowitz）和威廉·夏普（William Sharpe）的开创性研究，他们因为该项研究而获得了 1999 年的诺贝尔经济学奖.

投资组合优化，就是确定投资项目中的一组最优投资比例. 这里所说的"最优"，可以是在一定风险水平下使得投资回报最大，也可以是在一定的投资回报水平下使得风险最小.

如果投资对象只有一个，则该投资的回报可以用期望回报率来描述，而风险可以用方差或标准差来表示，假设某人要投资某一项目，他如何估计该项目的平均回报和风险呢？这涉及一个投资回报率的问题. 投资回报率 X_i 是一个随机数，表示第 i 年每元钱投资的年回报额. 例如当 $X_i = 0.15$ 时，说明在年初投资 1 元，在年末就增值到 1.15 元. 该项目在前 n 年的回报率是由 n 个数组成的向量 $(X_1, X_2, \cdots, X_n)$. 由于无法确切地知道该项目未来的回报率，所以通常只能用该项目的历史业绩来近似地估计未来的回报率，即用前 n 年的回报率 $(X_1, X_2, \cdots, X_n)$ 的期望值来估计本年的期望回报率. 这 n 个数的期望值的计算公式如下：

$$\mu = \frac{(X_1 + X_2 + \cdots + X_n)}{n} = \frac{\sum_{i=1}^{n} X_i}{n}$$

式中，X_i 为第 i 年的回报率；μ 为期望回报率；n 为数据的个数.

期望回报率 μ 描述了投资的平均回报水平. 不过，仅仅用期望回报率来描述投资效果是不够的. 例如有一组回报率由 $(-0.2, 0.4, 1.0)$ 组成，其期望回报率是 0.4. 另一组回报率由 $(0.35, 0.4, 0.45)$ 组成，其期望回报率也是 0.4. 两组数的期望回报率相同，但前一组中的数据比较分散，反映出前一项投资回报率的起落较大，或者说风险较大；而后一组中的数据则比较接近，反映出后一项投资回报率的起落较小，或者说风险较小. 所以，还需要用离散趋势的量来描述数据的起落，也就是风险的大小. 表述一组回报率 $(X_1, X_2, \cdots, X_n)$ 离散趋势的常用量是方差或标准差. 总体方差的计算公式如下：

$$\sigma^2 = \frac{\sum_{i=1}^{n} (X_i - \mu)^2}{n}$$

式中，σ^2 为回报率的方差；X_i 为第 i 年的回报率；μ 为期望回报率；n 为数据的个数.

将方差开平方，得到回报率的标准方差（也称标准差或平均方差）. 总体标准差的计算公式如下：

$$\sigma = \sqrt{\frac{\sum_{i=1}^{n} (X_i - \mu)^2}{n}}$$

式中，σ 为回报率的标准差.

综上所述，一个投资项目的投资效果可以用投资回报率的期望值和方差

（或标准差）来描述，前者反映了该项投资的回报水平，后者反映了该项投资的风险状况.

如果投资对象不止一个，则该组投资的总回报率不仅与各投资项目的单项期望回报率有关，而且与各项目的投资比例有关. 设一组投资由 m 个投资项目组成，它们的单项期望回报率为 $(\mu_1, \mu_2, \cdots, \mu_m)$，对该 m 个项目的投资比例为 $(r_1, r_2, \cdots, r_m)$，则该组投资的总回报率 R 为单项期望回报率与相应的投资比例的乘积之和. 其估算公式如下：

$$R = r_1\mu_1 + r_2\mu_2 + \cdots + r_m\mu_m$$

投资组合的总回报率描述了多项投资的总体平均回报水平. 同样地，仅仅用总回报率来描述投资组合的效果是不够的，还需要描述总回报率的离散趋势，也就是整个投资组合风险的大小. 一组投资的总回报率的风险（或离散趋势）的常用量是总回报率的方差或标准差. 总回报率的方差与下面几个因素有关.

（1）单项回报率的方差. 单项回报率的方差越大，总回报率的方差也越大；

（2）各项目的投资比例. 投资比例大的项目，对投资组合的风险影响也大；

（3）各投资项目之间的相关性. 一个投资项目的风险，可能影响另一个投资项目的风险状况，从而影响整个投资组合的风险.

总回报率 R 的方差的估算公式如下：

$$R \text{ 的方差} = r_1^2\sigma_1^2 + r_2^2\sigma_2^2 + \cdots + r_m^2\sigma_m^2 + \sum_{\substack{i,j=1 \\ i \neq j}}^{m} r_i r_j \rho_{ij}\sigma_i\sigma_j$$

式中，R 为投资组合的总回报率；$r_1, r_2, \cdots, r_m$ 为第 1 至第 m 个项目的投资比例；$\sigma_1^2, \sigma_2^2, \cdots, \sigma_m^2$ 为第 1 至第 m 个项目的单项回报率的方差；$\sigma_1, \sigma_2, \cdots, \sigma_m$ 为第 $1 \sim m$ 个项目的单项回报率的标准差；ρ_{ij} 为第 i 个投资项目与第 j 个投资项目的相关系数，其中 $0 \leqslant \rho_{ij} \leqslant 1$，$\rho_{ij} = \rho_{ji}$，$\rho_{ii} = 1$.

上式的右边有两个部分，第一部分是 $r_1^2\sigma_1^2 + r_2^2\sigma_2^2 + \cdots + r_m^2\sigma_m^2$，它是各投资项目的单项回报率的方差与该项目投资比例的平方的乘积之和，它反映出总方差取决于各项目的单项方差与投资比例. 第二部分是 $\sum_{\substack{i,j=1 \\ i \neq j}}^{m} r_i r_j \rho_{ij}\sigma_i\sigma_j$，它反映出总方差还与各项目之间的相关性有关，当相关系数 $\rho_{ij} = 0$ 时，第 i 个投资项目与第 j 个投资项目无关，第二部分为 0；当相关系数 $\rho_{ij} \neq 0$ 时，由于项目之间的相关性，第 i 个投资项目风险将影响第 j 个投资项目的风险，从而进一步影响整个投资组合的风险. 其中，当 $\rho_{ij} > 0$ 时，第 i 个投资项目风险的增加将会使得第 j 个投资项目的风险增加（称为正相关），从而使得整个投资组合的风险增加；当 $\rho_{ij} < 0$ 时，第 i 个投资项目风险的增加将会使得第 j 个投资项目的风险减少（称为负相关），从而使得整个投资组合的风险减少.

　　大部分投资者的目标是获得最大的投资回报和承担最小的投资风险．投资组合优化模型，就是确定一组投资项目的最优投资比例（或各项目的投资额），在该投资组合的总回报率的方差不超过某个可接受值的约束下（在可接受的风险水平下），使得总回报率的期望值最大；或者在投资组合的总回报率期望值不低于某个所要求值的约束下（在所要求的投资回报水平下），使得总回报率的方差最小（投资的风险最小）．由于总回报率的方差是投资比例的非线性函数，所以该模型是一个非线性规划模型．

　　例 5.3.1　某投资者有一笔资金，拟选择以下 3 个项目进行长期组合投资．3 个可投资的项目为：股票 1、股票 2 和股票 3．统计它们在过去 12 年的投资回报率如表 5—2 所示．

表 5—2　3 个投资项目的投资收益数据

第 i 年	股票 1	股票 2	股票 3	第 i 年	股票 1	股票 2	股票 3
1	0.3	0.225	0.149	7	0.038	0.321	0.133
2	0.103	0.29	0.26	8	0.089	0.305	0.732
3	0.216	0.216	0.419	9	0.090	0.195	0.021
4	−0.006	−0.272	−0.078	10	0.083	0.39	0.131
5	−0.071	0.144	0.169	11	0.035	−0.072	0.006
6	0.056	0.107	−0.035	12	0.176	0.715	0.908

　　从以下两个方面分别确定 3 个投资项目的投资比例应该是多少．

　　（1）在总投资回报率不低于 13％的前提下，使得投资的总风险最小．

　　（2）在方差不超过 12％的情况下，获得最大的收益．

　　解　通过表 5—2 可以计算每个项目过去 12 年的期望收益率和每个项目期望收益率的方差及两个项目之间的相关系数，用 r_1，r_2，r_3 表示第 1～3 个项目的期望收益率，用 σ_1^2，σ_2^2，σ_3^2 表示第 1～3 个项目收益率的方差，用 ρ_{ij} 表示第 i 个项目和第 j 个项目之间的相关系数，$i=1$，2，3；$j=1$，2，3．设 x_1，x_2，x_3 分别表示第 1～3 个项目的投资比例，设该投资组合总回报率的期望值为 z，$z=x_1 r_1 + x_2 r_2 + x_3 r_3$，投资的总风险用 z 的方差 σ^2 表示，

$$\sigma^2 = x_1^2 \sigma_1^2 + x_2^2 \sigma_2^2 + r_3^2 \sigma_3^2 + 2r_1 r_2 \rho_{12} \sigma_1 \sigma_2 + 2r_1 r_3 \rho_{13} \sigma_1 \sigma_3 + 2r_2 r_3 \rho_{23} \sigma_2 \sigma_3$$

　　对于问题（1），在总投资回报率不低于 13％的前提下，使得投资的总风险最小，以投资组合总回报率的方差为目标函数，约束条件为

　　3 个项目投资的投资比例总和为 1，即 $x_1 + x_2 + x_3 = 1$；

　　投资组合总收益率不低于 13％，即 $x_1 r_1 + x_2 r_2 + x_3 r_3 \geqslant 13\%$；

　　问题的数学模型为

$$\min w = x_1^2\sigma_1^2 + x_2^2\sigma_2^2 + r_3^2\sigma_3^2 + 2r_1r_2\rho_{12}\sigma_1\sigma_2 + 2r_1r_3\rho_{13}\sigma_1\sigma_3 + 2r_2r_3\rho_{23}\sigma_2\sigma_3$$

$$\text{s. t.} \begin{cases} x_1 + x_2 + x_3 = 1 \\ x_1r_1 + x_2r_2 + x_3r_3 \geqslant 13\% \\ x_1,\ x_2,\ x_3 \geqslant 0 \end{cases}$$

对于问题（2），在方差不超过 12% 的情况下，获得最大的收益，以投资总收益最大化为目标，以投资比例总和为 1 与方差不超过 12% 为约束条件，建立问题的数学模型如下：

$$\max z = x_1r_1 + x_2r_2 + x_3r_3$$

$$\text{s. t.} \begin{cases} x_1 + x_2 + x_3 = 1 \\ x_1^2\sigma_1^2 + x_2^2\sigma_2^2 + r_3^2\sigma_3^2 + 2r_1r_2\rho_{12}\sigma_1\sigma_2 + 2r_1r_3\rho_{13}\sigma_1\sigma_3 + 2r_2r_3\rho_{23}\sigma_2\sigma_3 \leqslant 12\% \\ x_1,\ x_2,\ x_3 \geqslant 0 \end{cases}$$

编写 Lingo 程序求解问题（1）如下：

```
MODEL：
sets：
  year/1..12/；
  stocks/A,B,C/:mean,x；
  YXS(year,stocks):R；
  SXS(stocks,stocks):H；
  endsets
  data：
    R =    0.300         0.225         0.149
           0.103         0.290         0.260
           0.216         0.216         0.419
          -0.006        -0.272        -0.078
          -0.071         0.144         0.169
           0.056         0.107        -0.035
           0.038         0.321         0.133
           0.089         0.305         0.732
           0.090         0.195         0.021
           0.083         0.390         0.131
           0.035        -0.072         0.006
           0.176         0.715         0.908；
  enddata
    min = @sum(SXS(i,j):H(i,j) * x(i) * x(j))；
    @sum(stocks:x) = 1；
    @sum(stocks:mean * x)> = 0.13；
```

```
@for(stocks(j):
    mean(j) = @sum(year(i):R(i,j))/@size(year));
@for(SXS(i,j):
H(i,j) = @sum(year(k):
    (R(k,i) - mean(i)) * (R(k,j) - mean(j)))/(@size(year) - 1));
END
```

计算结果（只列出相关部分）为：

Local optimal solution found.

Objective value：   0.1474556E - 01

Variable	Value	Reduced Cost
X(A)	0.7003087	0.1302370E - 08
X(B)	0.2401324	0.3749946E - 08
X(C)	0.5955883E - 01	0.2030848E - 07

即 70.03％的资金投资股票 1；24.01％的资金投资股票 2；5.96％的资金投资股票 3. 这样做可使投资风险最小.

编写 Lingo 程序求解问题（2）如下：

```
MODEL:
sets:
    year/1..12/;
    stocks/A,B,C/:mean,x;
    YXS(year,stocks):R;
    SXS(stocks,stocks):H;
    endsets
    data:
        R = 0.300      0.225      0.149
            0.103      0.290      0.260
            0.216      0.216      0.419
           -0.006     -0.272     -0.078
           -0.071      0.144      0.169
            0.056      0.107     -0.035
            0.038      0.321      0.133
            0.089      0.305      0.732
            0.090      0.195      0.021
            0.083      0.390      0.131
            0.035     -0.072      0.006
            0.176      0.715      0.908;
```

```
enddata
max = @sum(stocks:mean * x);
@sum(SXS(i,j):H(i,j) * x(i) * x(j))< = 12;
@sum(stocks:x) = 1;
@for(stocks(j):
    mean(j) = @sum(year(i):R(i,j))/@size(year));
@for(SXS(i,j):
    H(i,j) = @sum(year(k):
        (R(k,i) - mean(i)) * (R(k,j) - mean(j)))/(@size(year) - 1));
END
```

计算结果（只列出相关部分）为：

Local optimal solution found.

Objective value：　　　　　0.2345833

Variable	Value	Reduced Cost
X(A)	0.5490664E - 08	0.1421667
X(B)	0.6155443E - 08	0.2091667E - 01
X(C)	1.000000	0.1165361E - 08

即全部资金都用于投资股票 3 可在投资风险不超过 12% 的前提下，得到最大收益 0.23.

5.3.2　最优选址问题

选址问题是运筹学中经典问题之一，在生产实践、物流甚至军事中都有着非常广泛的应用，如工厂、仓库、急救中心、消防站、物流中心等问题的选址. 选址是否合适直接影响到服务质量、服务效率、服务成本等，从而影响到利润和市场竞争力. 在生产实践和现代物流中，经常碰到如下问题：拟为某种物资建立 m 个储备仓库，且第 i 个仓库的存储容量为 $a_i(i=1, \cdots, m)$. 现共有 n 个物资需求单位，第 j 个需求单位的位置为 (p_j, q_j)，可预期的需求量为 $b_j(j=1, 2, \cdots, n)$，物资的总存储量不低于可预期的总需求量. 要求各储备仓库到各需求单位的运输量与相应路程的乘积之和最小，请帮助确定这 m 个物资储备仓库的位置.

此类问题可以建立非线性规划的数学模型解决.

根据问题的要求，假设第 i 个仓库的位置为 $(x_i, y_i)(i=1, \cdots, m)$，第 i 个仓库到第 j 个需求单位的物资供应量为 $h_{ij}(i=1, \cdots, m; j=1, \cdots, n)$，各储备仓库到各需求单位的运输量与相应路程的乘积之和为 z. 用 d_{ij} 表示第 i 个仓库到第 j 个需求单位的直线距离，可计算

$$d_{ij} = \sqrt{(x_i - p_j)^2 + (y_i - q_j)^2} \quad (i=1, 2, \cdots, m; j=1, 2, \cdots, n)$$

则根据问题要求，目标函数表示为

$$\min z = \sum_{i=1}^{m} \sum_{j=1}^{n} h_{ij} d_{ij} = \sum_{i=1}^{m} \sum_{j=1}^{n} h_{ij} \sqrt{(x_i - p_j)^2 + (y_i - q_j)^2}$$

问题的约束条件包括以下两条：

（1）每个仓库向各个需求单位的供应的物资量之和不能超过其存储的容量，即

$$\sum_{j=1}^{n} h_{ij} \leqslant a_i \quad (i = 1, 2, \cdots, m)$$

（2）每个需求单位从各个仓库所得到的物资总量应等于其需求量，即

$$\sum_{i=1}^{m} h_{ij} = b_j \quad (j = 1, 2, \cdots, n)$$

于是该问题的数学模型为

$$\min z = \sum_{i=1}^{m} \sum_{j=1}^{n} h_{ij} \sqrt{(x_i - p_j)^2 + (y_i - q_j)^2}$$

$$\text{s. t.} \begin{cases} \sum_{j=1}^{n} h_{ij} \leqslant a_i \\ \sum_{i=1}^{m} h_{ij} = b_j \\ h_{ij} \geqslant 0 \quad (i = 1, 2, \cdots, m; j = 1, 2, \cdots, n) \end{cases}$$

例 5.3.2 某公司准备建两个临时混凝土搅拌站，向 6 个建筑工地供应商品混凝土．每个搅拌站日产混凝土各为 25 t，每个工地的位置（用平面坐标 x，y 表示，距离单位：km）、混凝土日需用量（单位：t）如表 5－3 所示．现需要确定搅拌站建在什么位置，才能使其向各工地供应混凝土总的吨公里数最少？

表 5－3　工地所在位置及每日混凝土需要量

工地	1	2	3	4	5	6
x/km	1.35	8.75	0.5	5.75	3	7.25
y/km	1.35	0.75	4.8	5.5	6.5	7.55
每日需用量/t	4	6	5	8	7	12

解 设第 i 个混凝土搅拌站的位置为 $(x_i, y_i)(i = 1, 2)$，第 i 个混凝土搅拌站到第 j 个建筑工地的混凝土供应量为 $h_{ij}(i = 1, 2; j = 1, \cdots, 6)$，各混凝土搅拌站向各工地供应混凝土总的吨公里数为 z．用 d_{ij} 表示第 i 个混凝土搅拌站到第 j 个建筑工地的直线距离，用 (p_j, q_j) 表示第 j 个建筑工地的位置，则

$$d_{ij} = \sqrt{(x_i - p_j)^2 + (y_i - q_j)^2} \quad (i = 1, 2; j = 1, \cdots, 6)$$

问题的数学模型为：

$$\min z = \sum_{i=1}^{2} \sum_{j=1}^{6} h_{ij} \sqrt{(x_i - p_j)^2 + (y_i - q_j)^2}$$

$$\text{s. t.} \begin{cases} \sum_{j=1}^{6} h_{ij} \leqslant a_i \\ \sum_{i=1}^{2} h_{ij} = b_j \\ h_{ij} \geqslant 0 \quad (i = 1, 2; \ j = 1, \cdots, 6) \end{cases}$$

代入表 5-3 中的数据，编写 Lingo 程序如下：

```
model:
sets:
coordinate/x,y/;
shop/1..6/:d;
local/P,Q/:e;
lxc(local,coordinate):A;
links(local,shop):X;
cxs(coordinate,shop):B;
endsets
data:
B=1.35   8.75   0.5   5.75   3   7.25,
    1.35   0.75   4.8   5.5   6.5   7.5;
d=4,6,5,8,7,12;
e=25,25;
enddata
min=@sum(links(i,j):
    (@sum(coordinate(k):(A(i,k)-B(k,j))^2))^0.5*X(i,j));
@for(local(i):@sum(shop(j):X(i,j))<=e(i));
@for(shop(j):@sum(local(i):X(i,j))=d(j));
end
```

计算结果如下（只列出相关部分）：

Local optimal solution found.

Objective value:		97.44651
Variable	Value	Reduced Cost
A(P,X)	1.752432	0.000000
A(P,Y)	5.018162	0.000000
A(Q,X)	7.250000	$-0.1295419E-04$

A(Q,Y)	7.500000	0.6658970E-05
X(P,1)	4.000000	0.000000
X(P,2)	1.000000	0.000000
X(P,3)	5.000000	0.000000
X(P,4)	0.000000	0.2446264
X(P,5)	7.000000	0.000000
X(P,6)	0.000000	4.749938
X(Q,1)	0.000000	6.114174
X(Q,2)	5.000000	0.000000
X(Q,3)	0.000000	7.280557
X(Q,4)	8.000000	0.000000
X(Q,5)	0.000000	3.710860
X(Q,6)	12.00000	0.000000

即两个混凝土搅拌站的位置分别为（1.75，5.02）和（7.25，7.5）. 第 1 个搅拌站向工地 1、2、3、5 分别运送 4 t、1 t、5 t、7 t，第 2 个搅拌站向工地 2、4、6 分别运送 5 t、8 t、12 t，总运量为 97.45 t·km.

习题 5

1. 某厂生产一种混合物，它由原料 A 和原料 B 组成，估计生产量是 $3.6x_1 - 0.4x_1^2 + 1.6x_2 - 0.2x_2^2$，其中 x_1 和 x_2 分别为原料 A 和 B 的使用量（t）. 该厂拥有资金 5 万元，A 种原料每吨的单价为 1 万元，B 种为 0.5 万元，试写出使生产量最大化的数学模型.

2. 在某一试验中变更条件 x_i 四次，测得相应的结果 y_i 示于表 5-4，试为这一试验拟合一条直线，使其在最小二乘意义上最好地反映这项试验的结果.

表 5-4　试验条件与结果

x_i	2	4	6	8
y_i	1	3	5	6

3. 某公司经营两种产品，第 1 种产品每件售价 30 元，第 2 种产品每件售价 450 元. 根据统计，售出一件第 1 种产品所需要的服务时间平均是 0.5 h，第 2 种产品是（$2+0.25x_2$）h，其中 x_2 是第 2 种产品的售出数量. 已知该公司在这段时间内的总服务时间为 800 h，试确定使营业额最大的营业计划.

4. 设有两个物理量 ξ 和 η，根据某一物理定律得知它们满足关系 $\eta = a + b\xi$，式中 a，b，c 是 3 个常数，在不同情况下取不同的值. 现由实验得到一组数据（ξ_1，η_1），（ξ_2，η_2），…，（ξ_m，η_m），试选择 a，b，c 的值，使曲线 $\eta = a + b\xi$ 尽可能靠近所有的实验点（ξ_i，η_i）（$i=1$，2，…，m）.

5. 一位医院管理人员想建立一个模型，对重病患者出院后的长期恢复情况进行预测．自变量是患者住院的天数 ξ，因变量是患者出院后长期恢复的预后指数 η，指数的数值越大表示预后结局越好．为此，研究了 15 个患者的数据，这些数据列在表 5—5 中．经验表明，病人住院的天数 ξ 和预后指数 η 服从非线性模型 $\eta = a + be^{\xi}$，试用非线性规划方法估计参数 a，b，c 的值．

表 5—5　关于重伤患者的数据

病号	住院天数 ξ	预后指数 η	病号	住院天数 ξ	预后指数 η
1	2	54	9	34	18
2	5	50	10	38	13
3	7	45	11	45	8
4	10	37	12	52	11
5	14	35	13	53	8
6	19	25	14	60	4
7	26	20	15	65	6
8	31	16			

6. 现要投资 3 种股票（股票 1、股票 2 和股票 3）．表 5—6 给出了 3 种股票所需要的数据（这些数据主要是从前些年的股票收益中取几个样本，接着计算了这些样本的平均值、标准差和协方差．当股票的前景与前几年不一致时，至少要对 1 种股票预期收益的相应估计做出调整）．如果投资者预期回报的最低可接受水平为 18％，请确定 3 种股票的最优投资比例，使投资组合的总风险最小．

表 5—6　3 种股票的相关数据

股票	预期回报/％	风险（标准差）/％	投资组合	交叉风险（协方差）
1	21	25	1 与 2	0.040
2	30	45	1 与 3	−0.005
3	8	5	2 与 3	−0.010

7. 某公司正在对资产进行股票的投资组合，要投资的股票包括一支科技股票、一支银行股票、一支能源股票．公司的金融分析师已经收集了数据，并估计了有关这些股票的收益率的期望值，以及有关这些股票的标准差和相关系数信息，具体如表 5—7 所示．如果公司预期回报的最低可接受水平为 11％，请确定 3 种股票的最优投资比例，使投资组合的总风险最小．

表 5－7　3 只股票的相关系数

股票	年预期收益率/%	收益率的标准差/%	相关系数		
			科技股票	银行股票	能源股票
科技股票	11	4			
银行股票	14	4.69	0.160		
能源股票	7	3.16	−0.395	0.067	

8. 美国某 3 只股票（A、B、C）12 年（1943—1954）的价格（包括分红在内）每年的增长情况如表 5－8 所示. 例如，表中第 1 个数据 1.300 的含义是股票 A 在 1943 年的年末价值是其年初价值的 1.3 倍，即收益为 30%，其余数据的含义以此类推. 假设你在 1955 年时有一笔资金，准备投资这 3 只股票，并期望年收益率至少达到 15%，那么你应当如何投资？当期望的年收益率变化时，投资组合和相应的风险如何变化？

表 5－8　股票收益数据

年份	股票 A	股票 B	股票 C	年份	股票 A	股票 B	股票 C
1943	1.300	1.225	1.149	1949	1.038	1.321	1.133
1944	1.103	1.290	1.260	1950	1.089	1.305	1.732
1945	1.216	1.216	1.419	1951	1.090	1.195	1.021
1946	0.954	0.728	0.922	1952	1.083	1.390	1.131
1947	0.929	1.144	1.169	1953	1.035	0.928	1.006
1948	1.056	1.107	0.965	1954	1.176	1.715	1.908

9. 某工厂向用户提供发动机，按合同规定，其交货数量和日期是：第 1 季度末交 40 台，第 2 季度末交 60 台，第 3 季度末交 80 台. 工厂的最大生产能力为每季度 100 台，每季度的生产费用是 $f(x)=50x+0.2x^2$（元），此处 x 为该季度生产发动机的台数. 若工厂生产得多，多余的发动机可移到下季度向用户交货，这样工厂就需支付存储费，每台发动机每季度的存储费为 4 元. 问该厂每季度应生产多少台发动机，才能既满足交货合同，又使工厂所花费的费用最少（假定第 1 季度开始时发动机无存货）？

10. 某电视机厂要制订下年度的生产计划. 由于该厂生产能力和仓库大小的限制，它的月生产量不能超过 b 台，存储量不能大于 c 台. 按照合同规定，该厂于第 i 月月底需交付的电视机台数为 d_i. 现以 x_i 和 y_i 分别表示该厂第 i 个月电视机的生产台数和存储台数，当月生产费用和存储费用分别为 $f_i(x_i)$ 和 $g_i(y_i)$. 假定本年度结束时的存储量为零，试确定使下年度费用（包括生产费用和存储费用）最低的生产计划（确定每月的生产量）.

案例分析

案例1：投资的收益和风险问题

市场上有 n 种资产（如股票、债券等）$S_i (i=1, 2, \cdots, n)$ 供投资者选择，某公司有数额为 M 的一笔相当大的资金可用作一个时期的投资，公司财务分析人员对这 n 种资产进行了评估，估算出在这一时期内购买 S_i 的平均收益率为 r_i，并预测出购买 S_i 的风险损失率为 q_i，考虑到投资越分散，总的风险越小，公司确定，当用这笔资金购买若干种资产时，总体风险可用所投资的 S_i 中最大的一个风险来度量.

购买 S_i 要付交易费，费率为 p_i，并且当购买额不超过给定值 u_i 时，交易费按购买 u_i 计算（不买当然无须付费）. 另外，假定同期银行存款利率是 $r_0 (r_0 = 5\%)$，且既无交易费又无风险.

（1）已知 $n=4$ 时的相关数据见表 5—9.

（2）试给该公司设计一种投资组合方案，即用给定的资金 M，有选择地购买若干种资产或存银行生息，使净收益尽可能大，而总体风险尽可能小.

（3）试就一般情况对以上问题进行讨论，并利用表 5—10 的数据进行计算.

表 5—9　$n=4$ 的相关数据

S_i	$r_i/\%$	$q_i/\%$	$p_i/\%$	$u_i/元$
S_1	28	2.5	1	103
S_2	21	1.5	2	198
S_3	23	5.5	4.5	52
S_4	25	2.6	6.5	40

表 5—10　$n=15$ 的相关数据

S_i	S_1	S_2	S_3	S_4	S_5	S_6	S_7	S_8	S_9	S_{10}	S_{11}	S_{12}	S_{13}	S_{14}	S_{15}
$r_i/\%$	9.6	18.5	49.4	23.9	8.1	14	40.7	31.2	33.6	36.8	11.8	9	35	9.4	15
$q_i/\%$	42	54	60	42	1.2	39	68	33.4	53.3	40	31	5.5	46	5.3	23
$p_i/\%$	2.1	3.2	6.0	1.3	7.6	3.4	5.6	3.1	2.7	2.9	5.1	5.7	2.7	4.5	7.6
$u_i/元$	181	407	428	549	270	397	178	220	475	248	195	320	267	328	131

（该案例是全国大学生数学建模竞赛 1998 年 A 题.）

案例 2：飞行管理问题

在约 10 000 m 的高空中某边长为 160 km 的正方形区域内，经常有若干架飞机做水平飞行．区域内每架飞机的位置和速度向量均由计算机记录其数据，以便进行飞行管理．当一架欲进入该区域的飞机到达区域边缘时，记录其数据后，要立即计算并判断是否会与此区域内的飞机发生碰撞．如果会碰撞，则应计算如何调整各架（包括新进入的）飞机飞行的方向角，以避免碰撞．现假定条件如下：

（1）不碰撞的标准为任意两架飞机的距离大于 8 km．

（2）飞机飞行方向角调整的幅度不应超过 30°．

（3）所有飞机飞行速度均为 800 km/h．

（4）进入该区域的飞机在到达区域边缘时，与区域内飞机的距离应在 60 km 以上．

（5）最多需考虑 6 架飞机．

（6）不必考虑飞机离开此区域后的状况．

要解决的问题：

（1）对这个避免碰撞的飞机管理问题建立数学模型，列出计算步骤，进行计算（方向角误差不超过 0.01°），要求飞机飞行方向角调整的幅度尽量小．

（2）设该区域内 4 个顶点的坐标为 (0, 0)，(160, 0)，(160, 160)，(0, 160)，记录数据如表 5－11 所示，根据实际应用背景对模型进行评价与推广．

表 5－11　确定区域的记录数据

飞机编号	横坐标	纵坐标	方向角/(°)
1	150	140	243
2	85	85	236
3	150	155	220.5
4	145	50	159
5	130	150	230
新进入	0	0	52

注：方向角指飞行方向与 x 轴正方向的夹角．

（该案例是全国大学生数学建模竞赛 1995 年 A 题．）

第 6 章

动态规划

本章学习目标

- 了解动态规划在实践中的应用
- 理解动态规划的基本思想
- 掌握动态规划的建模方法
- 能够结合实际情况建立动态规划模型
- 掌握动态规划的逆序解法

6.1 动态规划的研究对象

6.1.1 多阶段决策问题简介

动态规划把多阶段决策问题作为研究对象，由美国数学家贝尔曼（Bell-man）等在 20 世纪 50 年代提出.

在生产和经营管理中，有一类活动的过程，由于它的特殊性，可划分为若干个互相联系的阶段（将问题划分为若干个互相联系的子问题），在它的每一阶段都需要做出决策（选择），每一阶段的决策不仅影响本阶段的活动，还会影响下一阶段的活动及其决策. 各阶段的决策构成一个决策序列，就是解决整个问题的方案，称为一个策略. 由于在每一阶段，通常有多个方案可供选择，因此每一阶段能做出多个不同的决策，从而解决整个问题的策略也不唯一. 不同策略解决问题的效果不同，那么，在诸多可供选择的策略中，选择哪一策略才能使问题得到最好解决？简言之，把一个问题划分成若干个相互联系的阶段选取其最优策略，这类问题即为多阶段决策问题.

多阶段决策问题最优化的目标是要使整个活动的总体效果最优，由于各阶段相互联系，本阶段决策影响下一阶段决策以致影响总体效果，所以决策者在每阶段决策中不应该仅考虑本阶段最优，还应考虑对全局的影响，从而做出对全局而言是最优的决策.

6.1.2 多阶段决策问题的典型实例

多阶段决策问题有很多类型，为了方便理解这类问题的特点，下面列举一些典型的例子.

1. 投资问题

例 6.1.1 某公司现有资金 8 百万元，可以投资 A、B、C 这 3 个项目.

每个项目的投资效益与投入该项目的资金有关．A、B、C 这 3 个项目的投资方案及投资后的预期收益如表 6－1 所示．问公司应如何确定对 3 个项目的投资额度，以使公司总收益最大？

表 6－1　3 个项目的投资方案及投资后的预期收益　　　单位：百万元

投资	A	B	C
2	8	7	10
4	15	20	28
6	30	33	35
8	36	40	42

分析　该问题中，每个项目均有几种不同的投资方案，所以要对每个项目做出一个决策，共需决策 3 次，决策时必须遵循资金总额不超过 8 百万元的约束，若把每个项目视为一个阶段，则此问题是一个多阶段决策问题．

2. 背包问题

例 6.1.2　有 3 种货物准备装到一辆卡车上，第 $i(i=1，2，3)$ 种货物每箱重量为 a_i t，其价值为 c_i，如表 6－2 所示．假定此车的载重量为 10 t，现需确定 3 种货物各装几箱可使装载的总价值最大．

表 6－2　3 种货物每箱的质量和价值

i	a_i/t	c_i
1	2	4
2	1	2
3	4	7

分析　该问题中，因为要对每一种货物确定装载的箱数，共需做出 3 次决策，决策时遵循货物的总质量不超过 10 t 的约束，若把每一种货物看成一个阶段，则该问题为多阶段决策问题．

3. 机器负荷分配问题

例 6.1.3　设某种机器可以在高、低两种负荷下生产．在高负荷下生产时，每台机器的年产量为 8 t，机器的完好率为 0.7；在低负荷下生产时，每台机器的年产量为 5 t，机器完好率为 0.9．假定开始生产时完好的机器数量为 100．要求制订一个连续 5 年的分配计划，使 5 年内的总产量最高．

分析　每年年初都要做出决策，这是一个五阶段决策问题．

4. 最短路线问题

例 6.1.4　图 6.1 为一线路网络，现在要铺设从地点 A 到地点 E 的铁路，中间需经过 3 个点，第 1 个点可以是 B_1，B_2，B_3 中的某个点，第 2 个点可以是 C_1，C_2，C_3 中的一个点，等等．连线上的数字表示两点间的距离．要求选择一条 A 至 E 的最短路线．

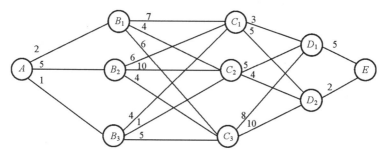

图 6-1 铁路网络

分析 此问题中，从 A 到 B_1，B_2，B_3 中的哪一点需要做出决策，从 B_1，B_2，B_3 中的某点到 C_1，C_2，C_3 中的哪一点也要做出决策，等等（以此类推），从 A 到 E 共需做出 4 次决策．因此可以把整个路线分成 4 个阶段，此问题亦为多阶段决策问题．

6.2 动态规划的基本概念与最优化原理

6.2.1 动态规划的基本概念

运用动态规划方法求解多阶段决策问题，首先要将问题写成动态规划模型，再进行求解．下面介绍动态规划模型中用到的概念．

1. 阶段

用动态规划方法解决问题，首先必须根据实际问题所处的时间、空间或其他条件，把所研究的问题恰当地划分为若干个相互联系的阶段，以便能按一定的次序去求解．描述阶段的变量称为阶段变量，常用 k 表示．如例 6.1.4 可分为 4 个阶段来求解，k 分别等于 1、2、3、4．

2. 状态

状态就是阶段的初始条件．在例 6.1.4 中，状态就是某阶段的出发位置．它既是该阶段某支路的起点，又是前一阶段某支路的终点．

常用 s_k 表示第 k 阶段的状态变量．如在例 6.1.4 中第三阶段有 3 个状态，则状态变量 s_k 可取 3 个值，即 C_1，C_2，C_3．

第 k 阶段所有状态构成的集合，称为第 k 段状态集，记为 S_k，$S_k = \{s_k\}$．如在例 6.1.4 中，$S_3 = \{C_1，C_2，C_3\}$．

3. 决策

当过程处于某一阶段的某个状态时，可以做出不同的决定（或选择），从而确定下一阶段的状态，这种决定称为决策. 常用 $x_k(s_k)$ 表示第 k 阶段当状态处于 s_k 时的决策变量，它是状态变量的函数. 在实际问题中，决策变量的取值往往限制在某一范围之内，此范围称为允许决策集合. 常用 $X_k(s_k)$ 表示第 k 阶段当状态处于 s_k 时的允许决策集合，显然有 $x_k(s_k) \in X_k(s_k)$.

如在例 6.1.4 第二阶段中，若从 B_1 出发，就可做出 3 种不同的决策，$x_2(B_1) = C_1$、C_2 或 C_3，其允许决策集合 $X_2(B_1) = \{C_1, C_2, C_3\}$.

4. 状态转移方程

在确定性过程中，一旦某阶段的状态和决策确定，下阶段的状态便完全确定. 用状态转移方程（equation of state transition）表示这种演变规律，记为

$$s_{k+1} = T_k(s_k, x_k) \quad (k=1, 2, \cdots, n)$$

在例 6.1.4 中状态转移方程为 $s_{k+1} = x_k(s_k)$.

5. 策略

各阶段决策确定后，整个问题的决策序列就构成一个全过程策略，简称策略，记为 $p_1(s_1)$，即

$$p_1(s_1) = \{x_1(s_1), x_2(s_2), \cdots, x_n(s_n)\},$$

简记为 $p_1 = \{x_1, x_2, \cdots, x_n\}$.

由第 k 阶段到最终阶段内各段决策所构成的决策序列称为第 k 子过程策略，记作 $p_k(s_k)$，即 $p_k(s_k) = \{x_k(s_k), \cdots, x_n(s_n)\}$ $(k=1, 2, \cdots, n-1)$，或简记为 $p_k = \{x_k, \cdots, x_n\}$. 可供选择的策略有一定的范围，称为允许策略集合，用 $P_k(s_k)$ 表示第 k 子过程上相应于状态 s_k 的允许策略集合. 例 6.1.4 中，$P_1(A)$ 包含 18 条可能的路线.

6. 指标函数和最优值函数

用于衡量策略或决策效果的某种数量指标称为指标函数. 对应不同问题，数量指标可以是距离、利润、成本、产量和资源消耗等. 它分为阶段指标函数和过程指标函数两种.

把衡量某一阶段决策效果的数量指标称为阶段指标函数，用 $v_k(s_k, x_k)$ 表示第 k 阶段处于状态 s_k 且所做决策为 x_k 时的指标. 例 6.1.4 中的 v_k 值就是从某点到下一点的距离. 如 $v_2(B_2, C_3) = 4$.

把衡量策略效果的数量指标称为过程指标函数，用 $f_k(s_k, x_k)$ 表示第 k 子过程的指标函数. $f_k(s_k, x_k)$ 与第 k 子过程上各阶段指标函数 $v_k(s_k, x_k)$ 有关，根据问题的不同，$f_k(s_k, x_k)$ 可以是各 $v_k(s_k, x_k)$ 之和、积或其他函数形式.

7. 最优解

用 $f_k^*(s_k)$ 表示第 k 子过程指标函数 $f_k(s_k, x_k)$ 在状态 s_k 下的最优值，即 $f_k^*(s_k) = \underset{p_k \in P_k(s_k)}{\text{opt}} \{f_k(s_k, p_k(s_k))\}$ $(k=1, 2, \cdots, n)$，其中 "opt" 是最优化

（optimization）的缩写，可根据题意取 min 或 max. 称 $f_k^*(s_k)$ 为第 k 子过程上的最优指标函数. 与它相应的子策略称为 s_k 状态下的最优子策略，记为 $p_k^*(s_k)$，而构成该子策略的各段决策称为该过程上的最优决策，记为 $x_k^*(s_k)$，$x_{k+1}^*(s_{k+1})$，…，$x_n^*(s_n)$. 有 $p_k^*(s_k)=\{x_k^*(s_k)$，$x_{k+1}^*(s_{k+1})$，…，$x_n^*(s_n)\}$，简记为 $p_k^*=\{x_k^*$，x_{k+1}^*，…，$x_n^*\}$（$k=1$，2，…，n）.

当 $k=1$ 且 s_1 取值唯一时，$f_1^*(s_1)$ 就是问题的最优值，$p_1^*(s_1)$ 就是最优策略. 但若 s_1 取值不唯一，则问题的最优值为 $f_1^*=\underset{s_1\in S_1}{\mathrm{opt}}\{f_1^*(s_1)\}=f_1^*(s_1=s_1^*)$，最优策略为 $s_1=s_1^*$ 状态下的最优策略 $p_1^*(s_1=s_1^*)=\{x_1^*(s_1^*)$，$x_2^*$，…，$x_n^*\}$.

6.2.2 动态规划的最优化原理

下面结合例 6.1.4 的最短路线问题阐述动态规划的基本思想与基本原理.

最短路线问题具有这样的特性：如果 Q 点到 T 点的最短路线为

$$Q=S_1\to S_2\to\cdots\to S_k\to S_{k+1}\to\cdots\to S_n=T$$

那么这条线路上的任一点 $S_k\to T$ 点的最短路线必然包含在上述 Q 点到 T 点的最短路线中，即为 $S_k\to S_{k+1}\to\cdots\to S_n=T$. 用反证法容易证明这一点.

由于 s_{k+1} 点即第 k 段的最优决策，因此上述特性可以这样描述：若解决最短路线问题的最优策略为 $\{s_1$，s_2，…，s_k，s_{k+1}，…，$s_n\}$，则从其中任一决策 s_k（$k=1$，2，…，$n-1$）开始，后面各段的决策序列 $\{s_{k+1}$，…，$s_n\}$ 必然构成第 k 段到第 n 段这一过程上的最优策略.

上述特性可以推广到一切多阶段决策问题，这就是动态规划的最优化原理，描述如下：作为整个过程的最优策略具有这样的性质，无论过去的状态和决策如何，相对于前面的决策所形成的状态而言，余下的决策序列都必然构成最优策略.

也就是说，若解决某一问题的全过程最优策略为

$$p_1^*=\{x_1^*(s_1)，x_2^*(s_2)，\cdots，x_k^*(s_k)，\cdots，x_n^*(s_n)\}$$

则对上述策略中的任一状态 s_k（$k=1$，$2\cdots$，n）而言，第 k 子过程上对应于该状态 s_k 的最优子策略必然包含在上述全过程最优策略 p_1^* 中，即为

$$p_k^*(s_k)=\{x_k^*(s_k)，\cdots，x_n^*(s_n)\}$$

这一原理是动态规划方法的核心，利用这个原理，可以把多阶段决策问题求解过程表示成一个连续的递推过程，由后向前逐步计算，从而形成了逆序递推法. 该法的关键在于给出一种递推关系. 一般把这种递推关系称为动态规划的函数基本方程.

动态规划的函数基本方程：

$$\begin{cases}f_{n+1}^*(s_{n+1})=0\text{ 或 }1\\[1mm]f_k^*(x_k)=\underset{x_k\in X_k(s_k)}{\mathrm{opt}}\{v_k(s_k，x_k)\otimes f_{k+1}^*(s_{k+1})\}\end{cases}(k=n，\cdots，1)$$

在上述方程中，当 $\otimes$ 为加法时，取 $f^*_{n+1}(s_{n+1})=0$；当 $\otimes$ 为乘法时，取 $f^*_{n+1}(s_{n+1})=1$. 动态规划的函数基本方程是动态规划最优化原理的基础，即最优策略的子策略，构成最优子策略.

6.3　动态规划的模型及求解

6.3.1　动态规划模型的建立

如果一个问题能用动态规划方法求解，那么可以按下列步骤，首先建立起动态规划的数学模型.

（1）将过程划分成恰当的阶段.

（2）正确选择状态变量 s_k，一般地，状态变量的选择是从过程演变的特点中寻找，同时确定允许状态集合 S_k.

（3）确定决策变量 x_k 和允许决策集合 $X_k(s_k)$. 在每一阶段肯定要做出决策，通常选择所求解问题的关键变量作为决策变量，同时给出决策变量的取值范围，即确定允许决策集合.

（4）写出状态转移方程.

（5）写出阶段指标函数 $v_k(s_k,\ x_k)$ 和过程指标函数 $f_k(s_k)$.

（6）写出函数基本方程.

6.3.2　动态规划的求解方法

针对多阶段决策问题的基本特征，贝尔曼提出了求解动态规划的两种基本方法：逆序递推法和顺序递推法.

逆序递推法的基本思想是：从最终阶段开始，逆着实际过程的进展方向逐段求解，在每段求解中都要利用刚求解完那段的结果，如此连续递推，直到初始阶段求出结果为止.

下面通过求解例 6.1.4，阐明逆序递推法的基本思路.

第 4 阶段，由点 D_1 到终点 E 只有一条路线，其长度 $f_4(D_1)=5$，同理 $f_4(D_2)=2$.

第 3 阶段，如果从点 C_1 出发，则从点 C_1 到终点 E 的路线可能有两条：$C_1 \to D_1 \to E$ 和 $C_1 \to D_2 \to E$. 从这两条路线中选取最短的一条，即

$$f_3(C_1)=\min\left\{\begin{matrix} v_3(C_1,\ D_1)+f_4(D_1) \\ v_3(C_1,\ D_2)+f_4(D_2) \end{matrix}\right\}=\min\left\{\begin{matrix} 3+5 \\ 5+2 \end{matrix}\right\}=\min\left\{\begin{matrix} 8 \\ 7 \end{matrix}\right\}=7$$

即从点 C_1 到终点 E 的最优路线为 $C_1 \to D_2 \to E$，最短距离为 7.

如果从点 C_2 出发，则最优决策为

$$f_3(C_2)=\min\left\{\begin{matrix} v_3(C_2,\ D_1)+f_4(D_1) \\ v_3(C_2,\ D_2)+f_4(D_2) \end{matrix}\right\}=\min\left\{\begin{matrix} 5+5 \\ 4+2 \end{matrix}\right\}=\min\left\{\begin{matrix} 10 \\ 6 \end{matrix}\right\}=6$$

即从点 C_2 到终点 E 的最优路线为 $C_2 \to D_2 \to E$，最短距离为 6.

如果从点 C_3 出发，则最优决策为

$$f_3(C_3) = \min \begin{Bmatrix} v_3(C_3, D_1) + f_4(D_1) \\ v_3(C_3, D_2) + f_4(D_2) \end{Bmatrix} = \min \begin{Bmatrix} 8+5 \\ 10+2 \end{Bmatrix} = \min \begin{Bmatrix} 13 \\ 12 \end{Bmatrix} = 12$$

即从点 C_3 到终点 E 的最优路线为 $C_3 \to D_2 \to E$，最短距离为 12.

第 2 阶段，从点 B_1 到终点 E 的最优决策为

$$f_2(B_1) = \min \begin{Bmatrix} v_2(B_1, C_1) + f_3(C_1) \\ v_2(B_1, C_2) + f_3(C_2) \\ v_2(B_1, C_3) + f_3(C_3) \end{Bmatrix} = \min \begin{Bmatrix} 7+7 \\ 4+6 \\ 6+12 \end{Bmatrix} = \min \begin{Bmatrix} 14 \\ 10 \\ 18 \end{Bmatrix} = 10$$

即从点 B_1 到终点 E 的最短路线为 $B_1 \to C_2 \to D_2 \to E$，最短距离为 10.

从点 B_2 到终点 E 的最优决策为

$$f_2(B_2) = \min \begin{Bmatrix} v_2(B_2, C_1) + f_3(C_1) \\ v_2(B_2, C_2) + f_3(C_2) \\ v_2(B_2, C_3) + f_3(C_3) \end{Bmatrix} = \min \begin{Bmatrix} 6+7 \\ 10+6 \\ 4+12 \end{Bmatrix} = \min \begin{Bmatrix} 13 \\ 16 \\ 16 \end{Bmatrix} = 13$$

即从点 B_2 到终点 E 的最短路线为 $B_2 \to C_1 \to D_2 \to E$，最短距离为 13.

从点 B_3 到终点 E 的最优决策为

$$f_2(B_3) = \min \begin{Bmatrix} v_2(B_3, C_1) + f_3(C_1) \\ v_2(B_3, C_2) + f_3(C_2) \\ v_2(B_3, C_3) + f_3(C_3) \end{Bmatrix} = \min \begin{Bmatrix} 4+7 \\ 1+6 \\ 5+12 \end{Bmatrix} = \min \begin{Bmatrix} 11 \\ 7 \\ 17 \end{Bmatrix} = 7$$

即从点 B_3 到终点 E 的最短路线为 $B_3 \to C_2 \to D_2 \to E$，最短距离为 7.

第 1 阶段，从始点 A 到终点 E 的最优决策为

$$f_1(A) = \min \begin{Bmatrix} v_1(A, B_1) + f_2(B_1) \\ v_1(A, B_2) + f_2(B_2) \\ v_1(A, B_3) + f_2(B_3) \end{Bmatrix} = \min \begin{Bmatrix} 2+10 \\ 5+13 \\ 1+7 \end{Bmatrix} = \min \begin{Bmatrix} 12 \\ 18 \\ 8 \end{Bmatrix} = 8$$

即从始点 A 到终点 E 的最短路线为 $A \to B_3 \to C_2 \to D_2 \to E$，最短距离为 8.

6.3.3 动态规划的 Lingo 求解

动态规划问题中，有些问题属于组合优化问题，将它们转化成线性规划模型后，可以用 Lingo 软件求解.

下面给出例 6.1.4 的 Lingo 程序进行说明.

```
sets:
cities/a,b1,b2,b3,c1,c2,c3,d1,d2,e/;
roads(cities,cities)/a,b1 a,b2 a,b3 b1,c1 b1,c2 b1,c3
b2,c1 b2,c2 b2,c3 b3,c1 b3,c2 b3,c3 c1,d1 c1,d2 c2,d1 c2,d2
c3,d1 c3,d2 d1,e d2,e/:W,X;
endsets
```

data：

 W＝2 5 1 7 4 6 6 10 4 4 1 5 3 5 5 4 8 10 5 2；

enddata

 N＝@SIZE(CITIES)；

 MIN＝@SUM(roads：W＊X)；

 @FOR(cities(i) | i #GT# 1 #AND# i #LT# N：

 @SUM(roads(i,j)：X(i,j))＝@SUM(roads(j,i)：X(j,i)))；

 @SUM(roads(i,j)|i #EQ# 1：X(i,j))＝1；

 @SUM(roads(i,j)|j #EQ# N：X(i,j))＝1；

通过 Lingo 求解，输出结果为（只列出相关部分）：

Objective value：		8.000000
Variable	Value	Reduced Cost
X(A,B1)	0.000000	0.000000
X(A,B2)	0.000000	0.000000
X(A,B3)	1.000000	0.000000
X(B1,C1)	0.000000	4.000000
X(B1,C2)	0.000000	4.000000
X(B1,C3)	0.000000	2.000000
X(B2,C1)	0.000000	6.000000
X(B2,C2)	0.000000	13.00000
X(B2,C3)	0.000000	3.000000
X(B3,C1)	0.000000	0.000000
X(B3,C2)	1.000000	0.000000
X(B3,C3)	0.000000	0.000000
X(C1,D1)	0.000000	5.000000
X(C1,D2)	0.000000	4.000000
X(C2,D1)	0.000000	4.000000
X(C2,D2)	1.000000	0.000000
X(C3,D1)	0.000000	11.00000
X(C3,D2)	0.000000	10.00000
X(D1,E)	0.000000	0.000000
X(D2,E)	1.000000	0.000000

从上述输出结果可以看出，Objective value（目标函数值）为 8．即从始点 A 到终点 E 最短距离为 8．X(A，B3)＝1，X(B3，C2)＝1，X(C2，D2)＝1，X(D2，E)＝1，即从始点 A 到终点 E 的最短路线为 $A \rightarrow B_3 \rightarrow C_2 \rightarrow D_2 \rightarrow E$.

6.4 动态规划应用举例

动态规划应用十分广泛，本节通过几个具体实例展示它在管理领域的应用，并进一步阐述动态规划方法.

需要说明的是，与线性规划相比，动态规划没有一个标准的数学模型与算法，从这个意义上来说，动态规划是一种分析问题、思考问题的途径，是一种求解思路，注重决策过程，而不是一种算法，不同的问题得到的模型也不一样，学习动态规划就是要掌握它的这种原理和思路，分析问题的条件，针对不同的问题建立相应的数学模型，设计具体的求解方法.

6.4.1 资源分配问题

例 6.4.1 某公司拟将 3 台设备分配给下属的 A、B、C 这 3 个分公司使用. 每个分公司分得不同台数的设备后，每年预计创造的利润（万元）见表 6－3. 问该公司应如何分配这 3 台设备，才能使每年预计创造的利润总额最大？

表 6－3 每年预计创造的利润　　　　　　　单位：万元

设备台数/台	A	B	C
0	0	0	0
1	4	5	4
2	7	10	6
3	9	11	11

解 （1）建立动态规划的数学模型.

以 $k=1$，2，3 表示给 A、B、C 这 3 个分公司分配的顺序.

设 s_k 表示在给第 k 个分公司分配时尚未分配出去的设备台数.

x_k 表示分配给第 k 个分公司的设备台数.

状态转移方程为：$s_{k+1}=s_k-x_k$.

$v_k(s_k,x_k)$ 表示现有 s_k 台设备中将 x_k 台设备分配给第 k 个分公司后预计创造的利润.

$f_k(s_k,x_k)$ 表示将现有 s_k 台设备从第 k 到 3 个分公司分配后预计创造的利润. 函数基本方程为

$$\begin{cases} f_4^*(s_4)=0 \\ f_k^*(s_k)=\max_{x_k \in X_k}\{v_k(s_k,x_k)+f_{k+1}^*(s_{k+1})\}, (k=3,2,1) \end{cases}$$

（2）按逆序递推法逐段求解.

①$k=3$.

第 3 阶段表示已给 A、B 子公司分配完毕后再给 C 子公司分配，s_3 表示能分给 C 分公司的设备台数.

$s_3 = 0$，1，2，3，$0 \leqslant x_3 \leqslant s_3$，$f_3^*(s_3) = \max\limits_{x_3 \in X_3}\{v_3(s_3, x_3)\}$.

计算过程如表 6—4 所示.

表 6—4　$k=3$ 的计算过程

s_3	x_3				$f_3^*(s_3)$	x_3^*
	0	1	2	3		
	$v_3(s_3, x_3)$					
0	0				0	0
1	0	4			4	1
2	0	4	6		6	2
3	0	4	6	11	11	3

表中 x_3^* 表示使 $f_3(s_3)$ 为最大时的最优决策.

②$k=2$.

$s_2 = 0$，1，2，3，$0 \leqslant x_2 \leqslant s_2$，$f_2^*(s_2) = \max\limits_{x_2 \in X_2}\{v_2(s_2, x_2) + f_3^*(s_3)\}$.

计算过程如表 6—5 所示.

表 6—5　$k=2$ 的计算过程

s_2	x_2				$f_2^*(s_2)$	x_2^*
	0	1	2	3		
	$v_2(s_2, x_2) + f_3^*(s_3)$					
0	0				0	0
1	0+4	5+0			5	1
2	0+6	5+4	10+0		10	2
3	0+11	5+6	10+4	11+0	14	2

③$k=1$.

$s_1 = 3$，$0 \leqslant x_1 \leqslant s_1$，$f_1^*(s_1) = \max\limits_{x_1 \in X_1}\{v_1(s_1, x_1) + f_2^*(s_2)\}$.

计算过程如表 6—6 所示.

表 6—6　$k=1$ 的计算过程

s_1	x_2				$f_1(s_1)$	x_1^*
	0	1	2	3		
	$v_1(s_1, x_1) + f_2^*(s_2)$					
3	0+14	4+10	7+5	9+0	14	0，1

（3）顺序递推，得出结论.

按 $k=1$，2，3 的顺序，依次查看各表的 s_k 列与 x_k^* 列，并按照 $s_{k+1}=s_k-x_k^*$ 的状态转移规律，计算表格的顺序反推算，可知最优分配方案有两个：

①由 $x_1^*=0$，根据 $s_2=s_1-x_1^*=3-0=3$，查表 6-5 知 $x_2^*=2$，由 $s_3=s_2-x_2^*=3-2=1$，故 $x_3^*=1$. A 分公司不分配设备，B 分公司分配 2 台，C 分公司分配 1 台.

②由 $x_1^*=1$，根据 $s_2=s_1-x_1^*=3-1=2$，查表 6-5 知 $x_2^*=2$，由 $s_3=s_2-x_2^*=2-2=0$，故 $x_3^*=0$. A 分公司分配 1 台设备，B 分公司分配 2 台，C 分公司不分配.

以上两个分配方案均能使每年预计创造的利润总额最大，为 14 万元.

该问题可以用 Lingo 软件求解，编写程序如下：

```
sets:
user/1..3/;
amout/1..4/;
arcs(user,amout):benefit,status,selection;
endsets
data:
benefit = 0   4   7   9
          0   5   10  11
          0   4   6   11;
status = 0   1   2   3
         0   1   2   3
         0   1   2   3;
enddata
max = @sum(arcs(i,j):benefit(i,j) * selection(i,j));
@for(arcs:@bin(selection));
@for(user(i):@sum(arcs(i,k):selection(i,k)) = 1);
@sum(arcs(i,j):status(i,j) * selection(i,j)) = 3;
```

通过 Lingo 求解，输出结果为（只列出相关部分）：

```
Objective value:              14.00000
Variable              Value           Reduced Cost
SELECTION(1,1)        0.000000          0.000000
SELECTION(1,2)        1.000000         - 4.000000
SELECTION(1,3)        0.000000         - 7.000000
SELECTION(1,4)        0.000000         - 9.000000
SELECTION(2,1)        0.000000          0.000000
```

SELECTION(2,2)	0.000000	-5.000000
SELECTION(2,3)	1.000000	-10.00000
SELECTION(2,4)	0.000000	-11.00000
SELECTION(3,1)	1.000000	0.000000
SELECTION(3,2)	0.000000	-4.000000
SELECTION(3,3)	0.000000	-6.000000
SELECTION(3,4)	0.000000	-11.00000

从上述输出结果可以看出，Objective value（目标函数值）为 14，即每年预计创造的最大利润总额为 14. SELECTION(1，2)=1，SELECTION(2，3)=1，SELECTION(3，1)=1，即最优分配方案为 A 分公司分得 1 台设备，B 分公司分得 2 台设备，C 分公司 0 台设备.

6.4.2 机器负荷分配问题

例 6.4.2 设有 1 000 台同一规格的完好机器，每台机器全年在高负荷下运行可创利 10 千元，机器的完好率为 0.75；在低负荷下运行可创利 8 千元，机器的完好率为 0.9. 试拟订一个连续 5 年的分配计划，使总利润最大.

解 （1）建立动态规划的数学模型如下：

阶段 k 表示运行年份（$k=1$，2，…，5）.

状态变量 s_k 表示第 k 年年初完好的机器数（$k=1$，2，…，5），也是第 $k-1$ 年年末完好的机器数，$s_1=1\ 000$.

决策变量 x_k 表示第 k 年年初投入高负荷运行的机器数.

允许决策集合为 $X_k(s_k)=\{x_k \mid 0 \leqslant x_k \leqslant s_k\}$.

状态转移方程为 $s_{k+1}=0.75x_k+0.9(s_k-x_k)=0.9s_k-0.15x_k$.

阶段指标函数为 $v_k(s_k,x_k)=10x_k+8(s_k-x_k)=8s_k+2x_k$.

终端条件：$f_6(s_6)=0$.

函数基本方程

$$\begin{cases} f_6^*(s_6)=0 \\ f_k^*(s_k)=\max_{0 \leqslant x_k \leqslant s_k} \{2x_k+8s_k+f_{k+1}^*(0.9s_k-0.15x_k)\} \quad (k=5,4,\cdots,1) \end{cases}$$

（2）逆序递推过程如下：

① $k=5$.

$$f_5^*(s_5)=\max_{0 \leqslant x_5 \leqslant s_5} \{2x_5+8s_5+f_6^*(s_6)\}=\max_{0 \leqslant x_5 \leqslant s_5} \{2x_5+8s_5\}$$

由于 $2x_5+8s_5$ 为关于 x_5 的线性单调递增函数，故有

$$x_5^*=s_5, \quad f_5^*(s_5)=10s_5.$$

② $k=4$.

$$f_4^*(s_4) = \max_{0 \leq x_4 \leq s_4} \{2x_4 + 8s_4 + f_5^*(s_5)\} = \max_{0 \leq x_4 \leq s_4} \{0.5x_4 + 17s_4\}$$

故有 $x_4^* = s_4$，$f_4^*(s_4) = 17.5s_4$.

③$k = 3$.

$$f_3^*(s_3) = \max_{0 \leq x_3 \leq s_3} \{2x_3 + 8s_3 + f_4^*(s_4)\} = \max_{0 \leq x_3 \leq s_3} \{-0.625x_3 + 23.75s_3\}$$

故有 $x_3^* = 0$，$f_3^*(s_3) = 23.75s_3$.

④$k = 2$.

$$f_2^*(s_2) = \max_{0 \leq x_2 \leq s_2} \{2x_2 + 8s_2 + f_3^*(s_3)\} = \max_{0 \leq x_2 \leq s_2} \{-1.5625x_2 + 29.375s_2\}$$

故有 $x_2^* = 0$，$f_2^*(s_2) = 29.375s_2$.

⑤$k = 1$.

$$f_1^*(s_1) = \max_{0 \leq x_1 \leq s_1} \{2x_1 + 8s_1 + f_2^*(s_2)\} = \max_{0 \leq x_1 \leq s_1} \{-2.406x_1 + 34.4375s_1\}$$

故有 $x_1^* = 0$，$f_1^*(s_1) = 34.4375s_1$.

因为 $s_1 = 1\,000$，故 $f_1^*(s_1) = 34\,437.5$（千元）.

最优策略为 $x_1^* = x_2^* = x_3^* = 0$，$x_4^* = s_4$，$x_5^* = s_5$.

这样分配能使这 5 年的总利润最大，最大值为 34 437.5 千元.

即机器的最优分配策略为：第 1 年至第 3 年将机器全部用于低负荷运行，第 4 年和第 5 年将机器全部用于高负荷运行.

为求出 5 年内每年投入高、低负荷下运行的完好机器数以及每年年初的完好机器数，可按状态转移方程顺序递推，结果如下：

$s_1 = 1\,000$

$x_1^* = 0$, $s_2 = 0.75x_1 + 0.9(s_1 - x_1) = 900$,

$x_2^* = 0$, $s_3 = 0.75x_2 + 0.9(s_2 - x_2) = 810$,

$x_3^* = 0$, $s_4 = 0.75x_3 + 0.9(s_3 - x_3) = 729$,

$x_4^* = s_4 = 729$, $s_5 = 0.75x_4 + 0.9(s_4 - x_4) = 546.75$,

$x_5^* = s_5 = 546.75$, $s_6 = 0.75x_5 + 0.9(s_5 - x_5) = 410$.

该问题可以用 Lingo 软件求解，编写程序如下：

```
sets:
stage/1..5/:x,y;
endsets
data:
c1 = 10;c2 = 8;
a1 = 0.75;a2 = 0.9;
enddata
max = @sum(stage:c1 * x + c2 * y);
n = @size(stage);
@for(stage(k)|k #lt# n:
```

$$x(k+1) + y(k+1) <= a1 * x(k) + a2 * y(k));$$

$$x(1) + y(1) <= 1000;$$

通过 Lingo 求解，输出结果为（只列出相关部分）

Objective value：		34437.50
Variable	Value	Reduced Cost
X(1)	0.000000	2.406250
X(2)	0.000000	1.562500
X(3)	0.000000	0.6250000
X(4)	729.0000	0.000000
X(5)	546.7500	0.000000

即机器的最优分配策略为：第 1 年至第 3 年将机器全部用于低负荷运行，第 4 年和第 5 年将机器全部用于高负荷运行. 这样分配能使这 5 年的总利润最大，最大值为 34 437.5 千元.

习题 6

1. 试用逆序递推法计算图 6-2 中起点到终点的最短路线及长度.

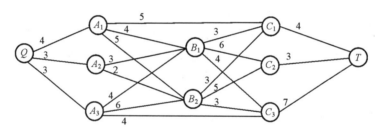

图 6-2 习题 1 图

2. 某跨国公司打算在 3 个不同的国家设置 4 个销售中心，根据市场部门估计，在不同国家设置不同数量的销售中心每月可得到的利润如表 6-7 所示. 试问在各国如何设置销售中心可使每月总利润最大？

表 6-7 在不同国家设置不同数量的销售中心每月可得到的利润

国家	各销售中心利润				
	0	1	2	3	4
1	0	15	24	31	32
2	0	12	17	21	22
3	0	10	14	16	17

3. 某公司有资金 4 百万元，可向 A、B、C 这 3 个项目投资，已知各项目不同投资的相关效益值如表 6－8 所示，问：如何分配资金可使总效益最大？

表 6－8　各项目不同投资的相关效益值　　　　单位：百万元

项目	投资的相应效益值				
	0	1	2	3	4
A	0	41	48	60	60
B	0	42	50	60	66
C	0	64	68	78	76

4. 某厂有 100 台同样的机器，4 年后将被淘汰．该种机器可用于两种不同的工作，用于第 1 种工作时，每台机器的年收益为 9 万元，但机器的报废率高，每年将有 1/3 的机器报废；用于第 2 种工作时，每台机器的年收益为 5 万元，每年的机器报废率为 1/5．问应怎样安排工作任务，才能使机器在 4 年中获得最大的收益？

5. 设某机器可在高、低两种负荷下生产．若机器在高负荷下生产，产品的年产量 a 和投入生产的机器数量 x 的关系为 $a=8x$，机器的年折损率为 0.3；若机器在低负荷下生产，产品年产量 b 和投入生产的机器数量 x 的关系为 $b=5x$，机器的年折损率为 0.1．设开始时有 1 000 台完好机器，要求制订一个 4 年计划，每年年初分配完好机器在不同负荷下工作，使 4 年总产量达到最大．

6. 某企业有 1 000 单位的资源，拟分 4 个周期使用，在每个周期有生产任务 A 和 B．把资源用于生产任务 A，每单位能获利 100 元，资源回收率为 3/4．把资源用于生产任务 B，每单位能获利 70 元，资源回收率为 9/10．问每个周期应如何分配资源，才能使总收益达到最大？

7. 一个旅行者携带背包去旅行，有 3 种物品可供选择携带，装物品的背包容量有限，总重量不能超过 20 kg．物品的单件重量及价值如表 6－9 所示，试问旅行者如何选择物品可使包内物品的总价值最大？只建立动态规划的数学模型，不求解．

表 6－9　物品的单件重量及价值

项目	物品 A	物品 B	物品 C
单件重量/kg	6	5	5
单件价值/元	5	4	3

案例分析

案例1：保安巡逻问题

某保安部门有12支保安队伍负责4个小区的巡逻。按规定，对每个小区可分别派2～4支队伍巡逻。由于所派队伍数量上的差异，各小区一年内预期发生事故的次数如表6—10所示．请应用动态规划方法确定派往各小区的保安队数，使预期事故的总次数最少．

表6—10　各小区一年内预期发生事故的次数

保安队数	小区			
	1	2	3	4
2	17	37	13	33
3	15	35	12	30
4	11	29	10	24

案例2：汽车选购问题

李华刚参加工作不久，对SJK—4型汽车情有独钟，准备买一辆使用了3年的SJK—4型二手车，价格为7万元．一年后可以继续使用该车，也可以卖掉购买新车．通过市场调查和预测，得到相关信息如下：

（1）该车第1年年初的价格为10万元，以后逐年降价，第2～5年的降价幅度分别为4%、4%、6%、7%．第t年的价格为P_t，$t=1$，2，…．

（2）购新车必须支付10%的各项税费．

（3）该车第t年的维护费用W_t是使用年限t的函数，$W_t=0.8t$．

（4）汽车年折旧率为15%．

请为李华制订一个5年的购车方案，使5年的总成本最低．

第 7 章

图与网络分析

本章学习目标

- 理解图及其相关的概念（图的基本概念与模型）
- 掌握最小树问题、最短路问题、最大流问题的特点
- 熟练掌握上述问题的求解方法与思路
- 培养根据实际问题抽象出适当的图论模型的能力

7.1　图的基本概念

图论是运筹学中最早形成的一个分支，迄今已有 200 多年的历史，它是建立和处理离散数学模型的一个重要工具．现实中很多问题都可以用图形的方式形象直观地描述和分析．为了反映事物之间的关系，人们常常用点和线来画出各种各样的示意图．

例 7.1.1　图 7-1 所示是我国北京、上海、广州、济南 4 个城市之间的民用航空线路图．这里用点表示城市，用点与点之间的线表示城市之间的航线．

例 7.1.2　篮球比赛，5 支球队进行循环赛，用点 A、B、C、D、E 表示这 5 支球队，已知 A 队战胜了 D、E 队，B 队战胜了 A、E、D 队，等等，它们之间的比赛情况可以用图 7-2 所示的有向图反映出来．

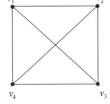

图 7-1　民用航空线路图

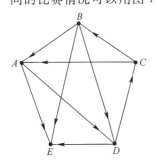

图 7-2　篮球比赛情况

由此可见，图论中的图是由点和连接这些点的线组成的．点与点之间不带箭头的线称为边，带箭头的线称为弧．

如果一个图是由点和边所构成，则称之为无向图，记作 $G=(V，E)$，其中：

（1）V 是一个非空的集合，其元素称为图 G 的顶点，V 称为 G 的顶点集，记为 $V=\{v_1，v_2，\cdots，v_n\}$．

（2）E 是由 V 中点与点之间的连线构成的集合，其元素称为 G 的边，表示为 $e=(v_i，v_j)$ 或 $e=(v_j，v_i)$，E 称为 G 的边集，记为 $E=\{e_1，e_2，\cdots，e_m\}$．

如果一个图是由点和弧所构成的，则称之为有向图，记作 $D=(V，A)$，

其中 V 表示有向图 D 的顶点集，A 表示有向图 D 的弧集．一条方向从 v_i 指向 v_j 的弧记作 $a = (v_i, v_j)$．

图 7-3 是一个无向图，记为 $G = (V, E)$，图中

$$V = \{v_1, v_2, v_3, v_4\},$$
$$E = \{e_1, e_2, e_3, e_4, e_5, e_6\}.$$
$$e_1 = (v_1, v_2), \quad e_2 = (v_1, v_3),$$
$$e_3 = (v_1, v_3), \quad e_4 = (v_2, v_4),$$
$$e_5 = (v_3, v_4), \quad e_6 = (v_4, v_4).$$

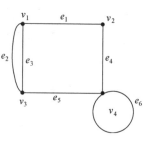

图 7-3　无向图

图 7-4 是一个有向图，记为 $D = (V, A)$，图中

$$V = \{v_1, v_2, v_3, v_4, v_5\}, \quad A = (a_1, a_2, a_3, a_4, a_5, a_6, a_7, a_8).$$
$$a_1 = (v_2, v_1), \quad a_2 = (v_1, v_4), \quad a_3 = (v_3, v_1), \quad a_4 = (v_2, v_3),$$
$$a_5 = (v_3, v_4), \quad a_6 = (v_4, v_3), \quad a_7 = (v_4, v_5), \quad a_8 = (v_3, v_5).$$

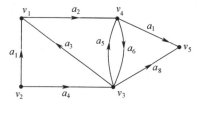

图 7-4　有向图

下面介绍一些常用的术语．

如果 $(v_i, v_j) \in E$，那么称 v_i、v_j 是边的**端点**，或者 v_i、v_j 是**相邻**的．如果一个图 G 中一条边的两个端点是相同的，则称这条边为**环**，如图 7-3 中的边 e_6 为环．如果两个端点之间有两条以上的边，则称它们为**多重边**，如图 7-3 中的边 e_2、e_3 为多重边．一个无环、无多重边的图称为**简单图**．

以点 v 为端点的边的个数称为点 v 的次，记作 $d(v)$．如图 7-3 中，$d(v_4) = 4$，$d(v_1) = 3$．次为零的点称为孤立点，次为 1 的点称为悬挂点．次为奇数的点称为奇点，次为偶数的点称为偶点．

在一个图 $G = (V, E)$ 中，称点和边的交错序列 $(v_{i_1}, e_{j_1}, v_{i_2}, e_{j_2}, \cdots, v_{i_{k-1}}, e_{j_{k-1}}, v_{i_k})$ 为连接 v_{i_1} 和 v_{i_k} 的一条**链**，其中 $e_{j_t} = (v_{i_t}, v_{i_{t+1}})$ $(t = 1, \cdots, k-1)$，记作 $\mu = v_{i_1} v_{i_2} \cdots v_{i_k}$．在链 μ 中，若除 $v_{i_1} = v_{i_k}$ 外，任意两点均不相同，则称 μ 为一个**圈**．例如在图 7-3 中，$\mu_1 = v_1 v_3 v_4 v_2$ 是一条链，$\mu_2 = v_1 v_3 v_4 v_2 v_1$ 是一个圈．

如果在图 G 中的任意两个点之间至少存在一条链，那么称图 G 为**连通图**，否则称为不连通图．例如，图 7-1～图 7-4 都是连通图，图 7-5 是不连通图．给定一个图 $G = (V, E)$，如果图 $G' = (V', E')$ 满足 $V' = V$，$E' \subseteq E$，那么称图 G' 是 G 的一个**支撑子图**．

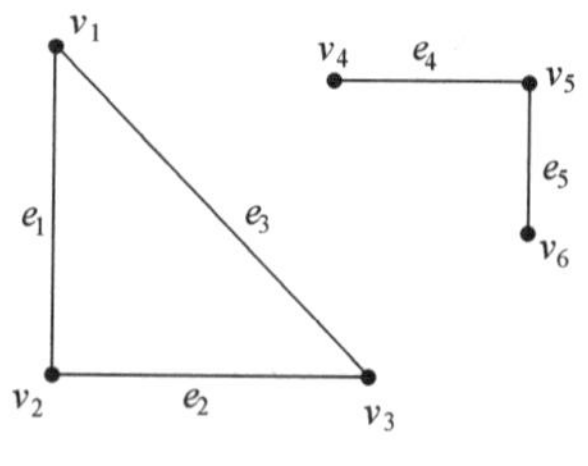

图 7-5　不连通图

例如，图 7-6 (a)、(b)、(c) 都是图 7-6 (a) 的支撑子图，而图 7-6 (d) 不是，因为少了点 v_3.

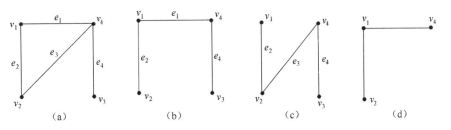

图 7-6　支撑子图举例

下面介绍有向图的一些概念.

在有向图 $D=(V,A)$ 中，在 D 中去掉所有弧的箭头所得到的无向图，称为 D 的基础图，记为 $G(D)$.

设 $(v_{i_1}, a_{j_1}, v_{i_2}, a_{j_2}, \cdots, v_{i_{k-1}}, a_{j_{k-1}}, v_{i_k})$ 是有向图 $D=(V,A)$ 中的一个点弧交错序列，如果它在 D 的基础图中对应的点边序列是一条链，那么称这个点弧序列是有向图 D 的一条链.

如果 $(v_{i_1}, a_{j_1}, v_{i_2}, a_{j_2}, \cdots, v_{i_{k-1}}, a_{j_{k-1}}, v_{i_k})$ 是有向图 D 的一条链，且链上各弧的箭头方向全部与链的方向一致，即对 $t=1, 2, \cdots, k$，均有 $a_{j_t}=(v_{i_t}, v_{i_{t+1}})$，那么称它是从 v_{i_1} 到 v_{i_k} 的一条**路**；若路的第 1 个顶点和最后一个顶点相同，即 $v_{i_1}=v_{i_k}$，其他顶点皆不相同，则称之为**回路**.

例如，图 7-4 中，$\mu_1=v_1 v_4 v_3 v_5$ 是从 v_1 到 v_5 的一条路，$\mu_2=v_3 v_1 v_4 v_3$ 是一个回路，$\mu_3=v_1 v_2 v_3 v_5$ 是从 v_1 到 v_5 的一条链，但不是路.

若给一个图 $G=(V,E)$ 的每一条边 (v_i, v_j) 都赋予唯一实数 w_{ij}，称为边 (v_i, v_j) 的权数，则称这样的图为**赋权图**（赋权无向图）.

在有向图 $D=(V,A)$ 中，每一条弧 (v_i, v_j) 加上权数，此时有向图为**赋权图**（赋权有向图）.

通常把这种赋权图称为网络. 赋权无向图称为无向网络，赋权有向图称为有向网络.

实际问题中，权数用来表达一定的实际含义. 例如，图 7-7 所示的网络表示某地 6 个村之间的现有交通道路，边旁数字为各村之间道路的长度.

所谓网络分析，概括地说，即对网络进行定性和定量分析，以便为实现某种优化目标而寻求最优方案.

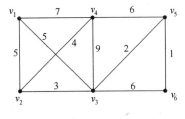

图 7-7　网络

网络分析主要研究的典型问题有：最小树问题、最短路问题、最大流问题、最小费用最大流问题、旅行售货员问题、中国邮递员问题等. 本章主要介绍最小树问题、最短路问题、最大流问题.

7.2 最小树问题

最小树问题是赋权图上的最优化问题之一. 在实际生活中经常会碰到这样一些问题：如何架设通信网络使需要通话的点连接起来，使总连接长度最短；如何修筑渠道将水源和若干待灌溉土地连通起来，使资源消耗最低；在资源有限的情况下，如何修筑一些公路把若干个城市连接起来；等等. 这些问题都可以转化为求网络的最小树问题.

7.2.1 最小树的定义

1. 树

一个连通无圈的简单图称为树，记为 T. 图 7−8 中的图都是树.

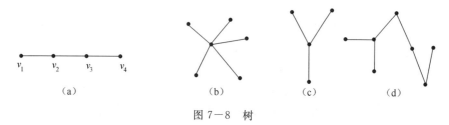

v_1 v_2 v_3 v_4

（a）   （b）   （c）   （d）

图 7−8　树

如果再多一条边就不是树了，因为出现了圈.

树是图论中的一个重要概念，利用树图可以很简单地解决线路网设计等问题. 电网要连通村村户户，网线就是一棵树. 一个家族的家谱，一个单位的组织结构，一个城镇的电话线路等都可以用树表示.

2. 图的支撑树

若图 G 的一个支撑子图 T 是树，则称 T 为图 G 的一棵支撑树. 图 7−9 中，T_1、T_2、T_3 是图 G 的支撑树.

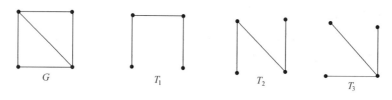

G T_1 T_2 T_3

图 7−9　图的支撑树

3. 网络最小支撑树

设 $T_k = (V, E_k)$ 是网络 $N = (G, w)$ 的一棵支撑树，则边集 E_k 中所有边的权数之和称为树 T_k 的权数，网络 N 的最小支撑树是指网络 N 的所有支撑树中，权数最小的那棵，记为 T^*. 网络最小支撑树简称最小树，最小树的

权数记为 $w(T^*)$.

7.2.2 最小树的求法

1. 破圈法

破圈法的基本思想就是在图中找圈，找到一个圈后，将组成该圈的各边中权数最大的边去掉，破除这个圈，然后再寻找下一个圈，一直重复此过程，直到图中不含圈为止，即得到最小树.

例 7.2.1 用破圈法求图 7－10 中网络的最小树.

在图 7－10 所示网络中任取一圈，例如 (v_1, v_2, v_3, v_1)，去掉这个圈中权最大的边 (v_1, v_3)，再取一个圈 $(v_1, v_2, v_3, v_4, v_1)$，去掉边 (v_1, v_4). 一直重复这个步骤，直到得到一个不含圈的图，如图 7－11 所示，就是最小树，$w(T^*) = 9$.

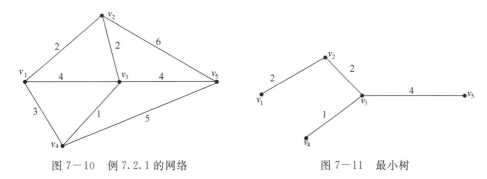

图 7－10　例 7.2.1 的网络　　　　　图 7－11　最小树

2. 避圈法

避圈法的基本思想与破圈法相反. 去掉图的所有边，将图的所有点 v_1，v_2，$\cdots$，v_n 作为一个支撑图，将所有的边按权数由小到大的顺序排列，然后按权数由小到大依次检查，如果某条边加到图上不会产生圈，则将其加到图上，反之则舍弃，当所有点都连通（有 $n-1$ 条边）时即得到最小树.

例 7.2.2 用避圈法求图 7－10 中网络的最小树.

将所有边按从小到大的顺序排列：$(v_3, v_4) = 1$，$(v_1, v_2) = 2$，$(v_2, v_3) = 2$，$(v_1, v_4) = 3$，$(v_1, v_3) = 4$，$(v_3, v_5) = 4$，$(v_4, v_5) = 5$，$(v_2, v_5) = 6$.

去掉所有边得到支撑图 7－12（a），首先添加最短边 (v_3, v_4)，再添加 (v_1, v_2)，依次进行下去，如图 7－12（b）～（d）所示，最后所有点都连通起来，得到最小树.

7.2.3 用 Lingo 软件求解最小树问题

下面结合本节实例来说明如何使用 Lingo 软件进行编程求解最小树问题.

例 7.2.3 用 Lingo 软件求解图 7－10 中网络的最小树.

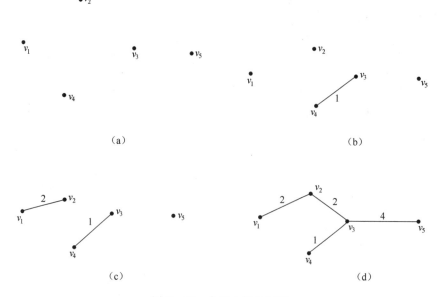

图 7—12 求最小树的过程

求解图 7—10 中网络最小树的 Lingo 程序如下：

```
model：
Sets：
City/1..5/:U；
Link(city,city):dist,x；
endsets
data：
dist = 0    2    4    3    99
       2    0    2    99   6
       4    2    0    1    4
       3    99   1    0    5
       99   6    4    5    0 ；
enddata
n = @size(city)；
min = @sum(link:dist * x)；
@for(city(k)|k#gt#1：
@sum(city(i)|i#ne#k:x(i,k)) = 1；
@for(city(j)|j#gt#1#and#j#ne#k：
U(j)> = U(k) + x(k,j) - (n - 2) * (1 - x(k,j)) + (n - 3) * x(j,k)；)；)；
@sum(city(j)|j#gt#1:x(1,j))> = 1；
```

```
@for(link:@bin(x););
@for(city(k)| k#gt#1:
  @bnd(1,U(k),99);
U(k)<=n-1-(n-2)*x(1,k)););
end
```

应用 Lingo 软件求解，运行结果如下：

Objective value：   9.000000

Variable	Value	Reduced Cost
X(1,1)	0.000000	0.000000
X(1,2)	1.000000	2.000000
X(1,3)	0.000000	4.000000
X(1,4)	0.000000	3.000000
X(1,5)	0.000000	99.00000
X(2,1)	0.000000	2.000000
X(2,2)	0.000000	0.000000
X(2,3)	1.000000	2.000000
X(2,4)	0.000000	99.00000
X(2,5)	0.000000	6.000000
X(3,1)	0.000000	4.000000
X(3,2)	0.000000	2.000000
X(3,3)	0.000000	0.000000
X(3,4)	1.000000	1.000000
X(3,5)	1.000000	4.000000
X(4,1)	0.000000	3.000000
X(4,2)	0.000000	99.00000
X(4,3)	0.000000	1.000000
X(4,4)	0.000000	0.000000
X(4,5)	0.000000	5.000000
X(5,1)	0.000000	99.00000
X(5,2)	0.000000	6.000000
X(5,3)	0.000000	4.000000
X(5,4)	0.000000	5.000000
X(5,5)	0.000000	0.000000

结果解读：Objective value 为 9.0000，即所求最小树长为 9；X(1，2)＝1.000000，X(2，3)＝1.000000，X(3，4)＝1.000000，X(3，5)＝1.000000，其余X(i，j)＝0.000000，即构成最小树的弧有：$(v_1，v_2)$，$(v_2，v_3)$，$(v_3，$

v_4），（v_3，v_5）.

7.2.4 最小树的应用

在实际应用中，很多问题都可以转化为求网络的最小树问题. 下面举两个例子.

例 7.2.4 某公司决定铺设光导纤维网络为它的主要中心之间提供高速通信. 图 7-13 中的节点显示了该公司主要中心的分布图. 节点间的连线是铺设纤维光缆的可能位置. 连线旁的数字表示如果选择在这个位置铺设光缆需要花费的成本. 为了充分利用光缆技术在中心之间高速通信上的优势，不需要在每两个中心之间都用一条光缆把它们直接连接起来. 问需要铺设哪些光缆使得既能够保证任两个中心之间都能高速通信，又使总的铺设费用最低？

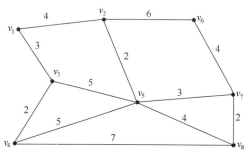

图 7-13 某公司主要中心分布图

这个问题实际就是要在图 7-13 的网络中，找一个使所有节点都连通且使连接长度最短的连接方式，也即寻找图 7-13 所示网络的最小树.

例 7.2.5 某市 6 个新建单位之间的交通线路长度（km）如表 7-1 所示，其中单位 B 离污水处理管道网最近，为 1.1 km. 为使这 6 个单位都能排污，现拟沿交通线路铺设地下管道，并且经 B 与污水处理管道网连通. 问应如何铺设排污管道使其总长最短？

表 7-1　某市 6 个新建单位之间的交通道路长度　　单位：km

单位	A	B	C	D	E	F
A	0	1.3	3.5	4.3	3.8	4.0
B	1.3	0	3.5	4.0	3.1	3.9
C	3.5	3.5	0	2.8	2.6	1.0
D	4.3	4.0	2.8	0	2.1	2.7
E	3.8	3.1	2.6	2.1	0	2.4
F	4.0	3.9	1.0	2.7	2.4	0

这个问题也是求网络的最小树问题.

7.3 最短路问题

最短路问题就是在一个网络中,给定一个始点 v_s 和一个终点 v_t,求 v_s 到 v_t 的一条路,使路长最短(路上所有弧的权数之和最小).

7.3.1 引例

例 7.3.1 一名旅游者打算从城市 v_s 出发到达城市 v_t 进行一次自驾旅行. 一路上将经过 6 个城市(分别记为 v_1、v_2、v_3、v_4、v_5、v_6),连接两座城市之间的公路网络及里程(km)如图 7—14 所示,弧旁数字为里程(km). 请为该旅游者到达目的地选择一条最短的行车路线.

分析问题可知,从 v_s 到 v_t 的行车路线很多,如从 v_s 出发,依次经过 v_1、v_3、v_5,最后到达 v_t;也可以从 v_s 出发,依次经过 v_2、v_3、v_6,最后到达 v_t,等等. 走不同的路线,距离是不同的. 例如,前一条路线总里程是 220 km,后一条路线总里程为 180 km. 本例的问题就是在图 7—14 的网络中找到从 v_s 到 v_t 行车里程最短的线路,这是最短路问题的一个例子.

7.3.2 求最短路问题的算法

求最短路问题有两种算法:一种是求从某一点至其他各点之间最短距离的狄克斯屈(Dijkstra)算法;另一种是求网络图上任意两点之间最短距离的 Floyd 算法.

1. 狄克斯屈算法

狄克斯屈算法是狄克斯屈在 1959 年提出的,适用于所有权数均为非负(一切 $w_{ij} \geqslant 0$)的网络,能够求出网络的任一点至其他各点之间的最短距离,为目前求这类网络最短路的最好算法.

这种算法的基本思想基于 6.2.2 节中所描述的最短路线具有的特性,也就是:假定 $v_1 \to v_2 \to v_3 \to v_4 \to v_5$ 是 $v_1 \to v_5$ 的最短路,则 $v_1 \to v_2 \to v_3$ 一定是 $v_1 \to v_3$ 的最短路,$v_3 \to v_4 \to v_5$ 一定是 $v_3 \to v_5$ 的最短路;否则,设 $v_1 \to v_3$ 的最短路为 $v_1 \to v_6 \to v_3$,则 $v_1 \to v_6 \to v_3 \to v_4 \to v_5$ 的路长必小于 $v_1 \to v_2 \to v_3 \to v_4 \to v_5$,此与原假设矛盾.

狄克斯屈算法在执行过程中,对每一个 v_j 都要赋予一个标号,分为固定标号 $P(v_j)$ 和临时标号 $T(v_j)$ 两种. $P(v_j)$ 表示从始点 v_s 到点 v_j 的最短路长,$T(v_j)$ 表示从始点 v_s 到点 v_j 的最短路长上界. 若点 v_j 的标号是 T 标号,则需视情况修改,而一旦成为 P 标号,就固定不变了.

狄克斯屈算法步骤如下:

(1) 令 $S = \{v_s\}$,$P(v_s) = 0$,对每一个点 $v \neq v_s$,令 $T(v) = +\infty$,令 $i = s$.

（2）考察 v_i 的所有关联边 (v_i, v_j)，若 $v_j \notin S$，计算并令

$$\min\{T(v_j), P(v_i) + w_{ij}\} \Rightarrow T(v_j)$$

（3）计算 $\min\{T(v_j) | v_j \notin S\} = T(v_r) \Rightarrow P(v_r)$，即 v_r 的标号变为固定标号；选取弧 (v_k, v_r)，使得 $p(v_r) = p(v_k) + w_{kr}$ 并令 $S \bigcup v_r \Rightarrow S$.

（4）若 $S = V$，算法终止，$P(v_j)$ 即从始点 v_s 到点 v_j 的最短路长，已选出的弧即给出始点 v_s 到各点的最短路线；否则，令 $v_r \Rightarrow v_i$，返（2）.

注意：若只要求点 v_s 到某一点 v_t 的最短路，而没有要求 v_s 到其他各点的最短路，则步骤（4）的算法终止条件改为 $r = t$，$P(v_r)$ 即从始点 v_s 到点 v_r 的最短路长.

例 7.3.2 试在图 7－14 中求点 v_s 到点 v_t 的最短路.

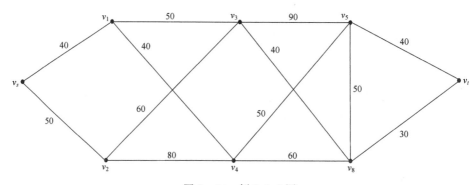

图 7－14 例 7.3.2 图

解 在图 7－14 所示的网络中，先给始点 v_s 标号 $P(v_s) = 0$，$S = \{v_s\}$. 其余点 v_j 都是临时标号，$T(v_j) = +\infty$. 检查 v_s 的两条关联边的终点 v_1、v_2，由于都是临时标号，计算并令：

点 v_1：$\min\{T(v_1), P(v_s) + w_{s1}\} = \min\{\infty, 0 + 40\} = 40 \Rightarrow T(v_1)$

点 v_2：$\min\{T(v_2), P(v_s) + w_{s2}\} = \min\{\infty, 0 + 50\} = 50 \Rightarrow T(v_2)$

在所有临时标号中选出最小标号 $T(v_1) = 40$，把它改为固定标号 $P(v_1) = 40$，然后选弧 (v_s, v_1)，如图 7－15（a）所示. 图中每点旁圆括号内的数字为固定标号，无括号的数字为临时标号，无数字则代表临时标号 ∞（省略）. 加箭头的线即所选的弧 (v_s, v_1). 以后每次都检查刚得到固定标号的点，其关联边的终点若是临时标号，则按照 $\min\{T(v_j), P(v_i) + w_{ij}\} \Rightarrow T(v_j)$，重新计算其临时标号. 然后从所有临时标号中选出最小的，把它改为固定标号，同时选出相应的弧，直到 v_t 得到固定标号结束，具体过程如图 7－15 所示. 从图 7－15（g）可知，v_s 到 v_t 的最短路为 $v_s \rightarrow v_1 \rightarrow v_3 \rightarrow v_6 \rightarrow v_t$，路长为 160 km.

2. 求最短路的 Floyd 算法

Floyd 算法是更一般的求解最短路的方法，适用于求任意两点间的最短路、有负权图（图中某些边的权为负）的最短路等一般网络问题.

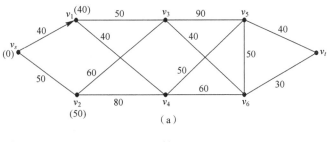

（a）

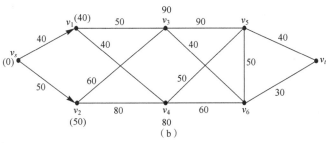

（b）

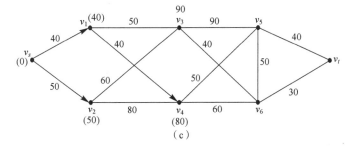

（c）

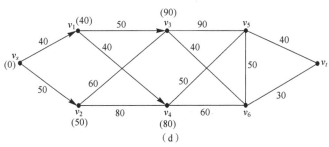

（d）

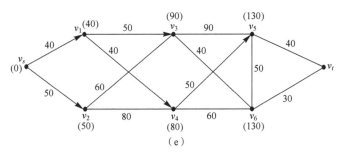

（e）

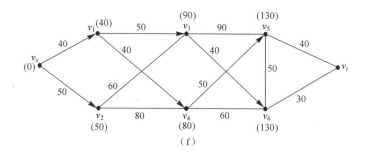

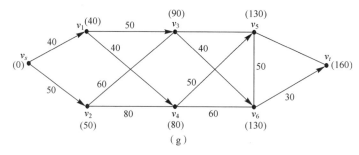

图 7-15 求最短路的过程

定义距离矩阵 $\boldsymbol{D}=(w_{ij})_{n\times n}$，其中 w_{ij} 为网络中点 v_i、v_j 之间的权数.

Floyd 算法的基本步骤如下：

（1）记 $\boldsymbol{D}^{(0)}=\boldsymbol{D}$.

（2）计算 $\boldsymbol{D}^{(k)}=(d_{ij}^{(k)})_{n\times n}$，其中

$$d_{ij}^{(k)}=\min_{1\leqslant s\leqslant n}\{d_{is}^{(k-1)}+d_{sj}^{(k-1)}\}\quad(i,\ j=1,\ 2,\ \cdots,\ n)$$

（3）若计算中出现 $\boldsymbol{D}^{(k)}=\boldsymbol{D}^{(k+1)}$，$\boldsymbol{D}^{(k)}$ 中的元素 $d_{ij}^{(k)}$ 就是 v_i 到 v_j 的最短路长.

设网络中的点数为 n，并且 $w_{ij}\geqslant0$，则迭代次数 k 由下式估算得到.

$$k-1<\frac{\lg(n-1)}{\lg2}\leqslant k$$

例 7.3.3 某公司有 7 个分公司，它们所在的城市以及城市之间的交通道路长度如图 7-16 所示. 请帮助该公司设计一张任意两城市间行程最短的路线表.

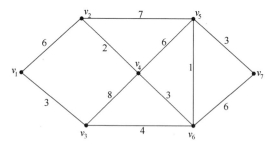

图 7-16 例 7.3.3 图

解 这个问题实际就是求图 7—16 任意两点间的最短路问题.

先根据图 7—16 写出距离矩阵 $\boldsymbol{D}$.

$$\boldsymbol{D} = \begin{pmatrix} 0 & 6 & 3 & \infty & \infty & \infty & \infty \\ 6 & 0 & \infty & 2 & 7 & \infty & \infty \\ 3 & \infty & 0 & 8 & \infty & 4 & \infty \\ \infty & 2 & 8 & 0 & 6 & 3 & \infty \\ \infty & 7 & \infty & 6 & 0 & 1 & 3 \\ \infty & \infty & 4 & 3 & 1 & 0 & 6 \\ \infty & \infty & \infty & \infty & 3 & 6 & 0 \end{pmatrix}, \text{此即 } \boldsymbol{D}^{(0)}.$$

依 Floyd 算法步骤 (2) 计算 $\boldsymbol{D}^{(k)}$，$k = 2$，3，…，直到 $\boldsymbol{D}^{(k)} = \boldsymbol{D}^{(k+1)}$ 停止.

在本例中，$\dfrac{\lg(n-1)}{\lg 2} = \dfrac{\lg 6}{\lg 2} \approx 2.6$，所以最多计算到 $\boldsymbol{D}^{(3)}$，计算结果如下：

$$\boldsymbol{D}^{(1)} = \begin{pmatrix} 0 & 6 & 3 & 8 & 13 & 7 & \infty \\ 6 & 0 & 9 & 2 & 7 & 5 & 10 \\ 3 & 9 & 0 & 7 & 5 & 4 & 10 \\ 8 & 2 & 7 & 0 & 4 & 3 & 9 \\ 13 & 7 & 5 & 4 & 0 & 1 & 3 \\ 7 & 5 & 4 & 3 & 1 & 0 & 4 \\ \infty & 10 & 10 & 9 & 3 & 4 & 0 \end{pmatrix}$$

$$\boldsymbol{D}^{(2)} = \begin{pmatrix} 0 & 6 & 3 & 8 & 8 & 7 & 11 \\ 6 & 0 & 9 & 2 & 6 & 5 & 9 \\ 3 & 9 & 0 & 7 & 5 & 4 & 8 \\ 8 & 2 & 7 & 0 & 4 & 3 & 7 \\ 8 & 6 & 5 & 4 & 0 & 1 & 3 \\ 7 & 5 & 4 & 3 & 1 & 0 & 4 \\ 11 & 9 & 8 & 7 & 3 & 4 & 0 \end{pmatrix}$$

$$\boldsymbol{D}^{(3)} = \begin{pmatrix} 0 & 6 & 3 & 8 & 8 & 7 & 11 \\ 6 & 0 & 9 & 2 & 6 & 5 & 9 \\ 3 & 9 & 0 & 7 & 5 & 4 & 8 \\ 8 & 2 & 7 & 0 & 4 & 3 & 7 \\ 8 & 6 & 5 & 4 & 0 & 1 & 3 \\ 7 & 5 & 4 & 3 & 1 & 0 & 4 \\ 11 & 9 & 8 & 7 & 3 & 4 & 0 \end{pmatrix}$$

因为 $\boldsymbol{D}^{(2)} = \boldsymbol{D}^{(3)}$，$\boldsymbol{D}^{(2)}$ 中的元素 $d_{ij}^{(2)}$ 就是分公司 v_i 到 v_j 的最短距离.

7.3.3 用 Lingo 软件求解最短路问题

例 7.3.4 用 Lingo 软件求解例 7.3.2.

求解例 7.3.2 的 Lingo 程序如下：

```
model：
sets：
cities/s,1,2,3,4,5,6,t/；! 定义 8 个城市；
roads(cities,cities)/
    s,1   s,2   1,3   1,4   2,3   2,4   3,5   3,6
    4,5   4,6   5,t   5,6   6,t/: W, X;
! 定义哪些城市之间有路相连,W 为里程,X 为 0-1 型决策变量；
endsets
data：
    W = 40   50   50   40   60   80   90   40   50   60   40   50   30;
enddata
N = @SIZE(CITIES);
MIN = @SUM(roads：W * X);
    @FOR(cities(i) | i #GT# 1 #AND# i #LT# N：
      @SUM(roads(i,j)：X(i,j)) = @SUM(roads(j,i)：X(j,i)));
    @SUM(roads(i,j)|i #EQ# 1:X(i,j)) = 1;
    @SUM(roads(i,j)|j #EQ# N:X(i,j)) = 1;
end
```

应用 Lingo 软件求解,运行结果如下：

```
Global optimal solution found.
Objective value：                    160.0000
Infeasibilities：                    0.000000
Total solver iterations：            0
Elapsed runtime seconds：            0.05
Model Class：                        LP
Total variables：                    13
Nonlinear variables：                0
Integer variables：                  0
Total constraints：                  9
Nonlinear constraints：              0
Total nonzeros：                     39
Nonlinear nonzeros：                 0
```

Variable	Value	Reduced Cost
N	8.000000	0.000000
W(S, 1)	40.00000	0.000000

W(S, 2)	50. 00000	0. 000000
W(1, 3)	50. 00000	0. 000000
W(1, 4)	40. 00000	0. 000000
W(2, 3)	60. 00000	0. 000000
W(2, 4)	80. 00000	0. 000000
W(3, 5)	90. 00000	0. 000000
W(3, 6)	40. 00000	0. 000000
W(4, 5)	50. 00000	0. 000000
W(4, 6)	60. 00000	0. 000000
W(5, T)	40. 00000	0. 000000
W(5, 6)	50. 00000	0. 000000
W(6, T)	30. 00000	0. 000000
X(S, 1)	1. 000000	0. 000000
X(S, 2)	0. 000000	0. 000000
X(1, 3)	1. 000000	0. 000000
X(1, 4)	0. 000000	0. 000000
X(2, 3)	0. 000000	20. 00000
X(2, 4)	0. 000000	50. 00000
X(3, 5)	0. 000000	60. 00000
X(3, 6)	1. 000000	0. 000000
X(4, 5)	0. 000000	10. 00000
X(4, 6)	0. 000000	10. 00000
X(5, T)	0. 000000	0. 000000
X(5, 6)	0. 000000	40. 00000
X(6, T)	1. 000000	0. 000000

结果解读：Objective value 为 160.0000，即 v_s 到 v_t 的最短路长为 160；
X(S, 1)＝1.000000，X(1, 3)＝1.000000，X(3, 6)＝1.000000，X(6, T)
＝1.000000，其余 X(i, j)＝0.000000，即 v_s 到 v_t 最短路上的弧有 (v_s, v_1)、
(v_1, v_3)、(v_3, v_6)、(v_6, v_t).

例 7.3.5 用 Lingo 软件求解例 7.3.3.

求解例 7.3.3 的 Lingo 程序如下：

```
sets:
nodes/c1..c7/;
link(nodes,nodes):w,path; ! path 标志最短路径上走过的顶点;
endsets
data:
```

```
path = 0;
w = 0;
@text(mydata1. txt) = @writefor(nodes(i):@writefor(nodes(j):
@format(w(i,j),10. 0f)),@newline(1));
@text(mydata1. txt) = @write(@newline(1));
@text(mydata1. txt) = @writefor(nodes(i):@writefor(nodes(j):
@format(path(i,j),10. 0f)),@newline(1));
enddata
calc:
w(1,2) = 6;w(1,3) = 3;w(2,4) = 2;w(2,5) = 7;
w(3,4) = 8;w(3,6) = 4; w(4,5) = 6;
w(4,6) = 3;w(5,6) = 1; w(5,7) = 3; w(6,7) = 6;
@for(link(i,j):w(i,j) = w(i,j) + w(j,i));
@for(link(i,j)|i#ne#j:w(i,j) = @if(w(i,j)#eq#0,10000,w(i,
j)));
@for(nodes(k):@for(nodes(i):@for(nodes(j): tm = @smin(w(i,j),
w(i,k) + w(k,j));
path(i,j) = @if(w(i,j)#gt# tm,k,path(i,j));w(i,j) = tm)));
  endcalc
end
```

应用 Lingo 软件求解，运行结果如下（$W(Ci, Cj)$ 为点 v_i 到点 v_j 的最短距离；$PATH(Ci, Cj)$ 为点 v_i 到点 v_j 最短路上的顶点）：

Variable	Value
W(C1,C1)	0. 000000
W(C1,C2)	6. 000000
W(C1,C3)	3. 000000
W(C1,C4)	8. 000000
W(C1,C5)	8. 000000
W(C1,C6)	7. 000000
W(C1,C7)	11. 00000
W(C2,C1)	6. 000000
W(C2,C2)	0. 000000
W(C2,C3)	9. 000000
W(C2,C4)	2. 000000
W(C2,C5)	6. 000000
W(C2,C6)	5. 000000

```
W(C2,C7)        9.000000
W(C3,C1)        3.000000
W(C3,C2)        9.000000
W(C3,C3)        0.000000
W(C3,C4)        7.000000
W(C3,C5)        5.000000
W(C3,C6)        4.000000
W(C3,C7)        8.000000
W(C4,C1)        8.000000
W(C4,C2)        2.000000
W(C4,C3)        7.000000
W(C4,C4)        0.000000
W(C4,C5)        4.000000
W(C4,C6)        3.000000
W(C4,C7)        7.000000
W(C5,C1)        8.000000
W(C5,C2)        6.000000
W(C5,C3)        5.000000
W(C5,C4)        4.000000
W(C5,C5)        0.000000
W(C5,C6)        1.000000
W(C5,C7)        3.000000
W(C6,C1)        7.000000
W(C6,C2)        5.000000
W(C6,C3)        4.000000
W(C6,C4)        3.000000
W(C6,C5)        1.000000
W(C6,C6)        0.000000
W(C6,C7)        4.000000
W(C7,C1)        11.00000
W(C7,C2)        9.000000
W(C7,C3)        8.000000
W(C7,C4)        7.000000
W(C7,C5)        3.000000
W(C7,C6)        4.000000
W(C7,C7)        0.000000
```

PATH(C1,C1)	0.000000
PATH(C1,C2)	0.000000
PATH(C1,C3)	0.000000
PATH(C1,C4)	2.000000
PATH(C1,C5)	6.000000
PATH(C1,C6)	3.000000
PATH(C1,C7)	6.000000
PATH(C2,C1)	0.000000
PATH(C2,C2)	0.000000
PATH(C2,C3)	1.000000
PATH(C2,C4)	0.000000
PATH(C2,C5)	6.000000
PATH(C2,C6)	4.000000
PATH(C2,C7)	6.000000
PATH(C3,C1)	0.000000
PATH(C3,C2)	1.000000
PATH(C3,C3)	0.000000
PATH(C3,C4)	6.000000
PATH(C3,C5)	6.000000
PATH(C3,C6)	0.000000
PATH(C3,C7)	6.000000
PATH(C4,C1)	2.000000
PATH(C4,C2)	0.000000
PATH(C4,C3)	6.000000
PATH(C4,C4)	0.000000
PATH(C4,C5)	6.000000
PATH(C4,C6)	0.000000
PATH(C4,C7)	6.000000
PATH(C5,C1)	6.000000
PATH(C5,C2)	6.000000
PATH(C5,C3)	6.000000
PATH(C5,C4)	6.000000
PATH(C5,C5)	0.000000
PATH(C5,C6)	0.000000
PATH(C5,C7)	0.000000
PATH(C6,C1)	3.000000

PATH(C6,C2)	4.000000
PATH(C6,C3)	0.000000
PATH(C6,C4)	0.000000
PATH(C6,C5)	0.000000
PATH(C6,C6)	0.000000
PATH(C6,C7)	5.000000
PATH(C7,C1)	6.000000
PATH(C7,C2)	6.000000
PATH(C7,C3)	6.000000
PATH(C7,C4)	6.000000
PATH(C7,C5)	0.000000
PATH(C7,C6)	5.000000
PATH(C7,C7)	0.000000

7.3.4 最短路的应用

最短路问题是网络分析中最重要的优化问题之一，在实际问题中有广泛的应用，如管道铺设、线路安排、工厂布局等. 有些问题看起来似乎与地理方位无关，但通过适当的转化可以将其归结为最短路问题，本节列举几个例子说明它的应用.

例 7.3.6 某公司签署了一项合同，生产一种新产品，为期 5 年. 为此需要购买一台新设备，并在每年年初决定继续使用原设备还是更新购买一台新的. 若继续使用原设备，需要支付一定的维修费用，但随着设备老化，维修费用有上升趋势；若购买新设备，则需要支付购买费用和较少的维修费用. 购买和维修设备的费用如表 7—2 和表 7—3 所示. 问：如何帮该公司制订一个 5 年内的设备更新计划，使 5 年内的总费用（购置费和维修费）最少？

表 7—2 设备购置费

第 i 年度	1	2	3	4	5
购置费/万元	15	15	17	17	20

表 7—3 维修费

设备使用年度	第 1 年	第 2 年	第 3 年	第 4 年	第 5 年
维修费/万元	5	6	9	14	21

分析 这种设备更新方案是很多的.

例如：方案一 每年年初购置一台新设备更换旧设备，5 年内设备购置费为 $15+15+17+17+20=84$ 万元，每台设备使用期为一年，支付维修费 5 万元，5 年共支付维修费 25 万元. 这一方案的总费用为 $84+25=109$ 万元.

方案二 在第 1 年年初、第 4 年年初购买新设备，5 年内的设备购置费为 $15+17=32$ 万元，维修费用包括第 1 年购买的设备，使用到第 3 年末，使用期 3 年，共支付维修费用为 $5+6+9=20$ 万元，第 4 年购买的设备，使用到第 5 年末，使用期 2 年，维修费用为 $5+6=11$ 万元. 这一方案的总费用＝购置费＋维修费＝$32+20+11=63$ 万元，显然方案二比方案一支付的费用少.

把所有方案一一列举，比较费用高低，最终找到最优更新方案，但这样计算代价太大.

如何制订使得 5 年内总费用最少的设备更新计划呢？可以把这个问题转化为最短路问题.

用点 v_i 表示"第 i 年年初购进一台新设备"这种状态（加设一点 v_6，可以理解为第 5 年年末）. 从 v_i 到 v_{i+1}，…，v_6 各画一条弧. 弧 (v_i, v_j) 表示在第 i 年年初购进的设备一直使用到第 j 年年初. 弧 (v_i, v_j) 的权 w_{ij} 表示在第 i 年年初购进一直使用到第 j 年年初的设备的费用，包括第 i 年年初设备的购置费和第 i 年到第 $(j-i)$ 年设备的维修费. 建立网络模型如图 7－17 所示.

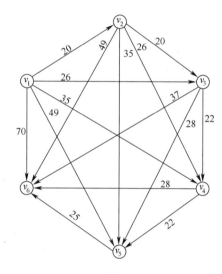

图 7－17 网络模型

这样一来，制订一个最优设备更新计划问题就转化为寻求从 v_1 到 v_6 的最短路问题.

求解可得到两条最短路：$v_1 v_3 v_6$ 和 $v_1 v_4 v_6$，即有两个最优方案：一个是第 1 年年初、第 3 年年初各购置一台新设备；另一个是第 1 年年初、第 4 年年初各购置一台新设备. 5 年里支付的总费用合计为 63 万元.

例 7.3.7 服务网点选址问题.

对例 7.3.3 继续提出如下问题：公司总部应设在哪个城市，能使各公司都离它较近？这是一个中心问题，在一个网络中设置一所学校、医院、消防站、购物中心等问题都属于服务网点选址问题.

解 需要求出的位置，可化为一系列求最短路的问题. 先求出 v_1 到其他各点的最短距离 $d_{1j}(j=1, …, 7)$，令 $D(v_1)=\max\{d_{11}, …, d_{17}\}$，若总部

建在 v_1，则距离总部最远的公司距离为 $D(v_1)$．再依次计算 v_2，v_3，v_4，v_5，
v_6，v_7 到其余各点的最短距离，类似求出 $D(v_2)$、$D(v_3)$、$D(v_4)$、$D(v_5)$、
$D(v_6)$、$D(v_7)$，此 7 个值中最小者对应的点即为所求．利用例 7.3.3 的求解
结果，计算结果如表 7－4 所示．

表 7－4　由例 7.3.3 得到的计算结果

v_i	v_i 至 v_j 的距离 d_{ij}							$D(v_i) = \max\{d_{ij}\}$
	1	2	3	4	5	6	7	
1	0	6	3	8	8	7	11	11
2	6	0	9	2	6	5	9	9
3	3	9	0	7	5	4	8	9
4	8	2	7	0	4	3	7	8
5	8	6	5	4	0	1	3	8
6	7	5	4	3	1	0	4	7
7	11	9	8	7	3	4	0	11

由于 $D(v_6)=7$ 最小，所以公司总部应建在 v_6，这样离总部最远的公司为
v_1，距离为 7．

7.4　最大流问题

在实际应用中，对一个网络，人们往往关心它的流通能力，也就是网络
的流量．例如，河流系统的泄洪能力、电网的输变电能力、公路网的运输能
力、制造系统的生产能力等，都属于最大流问题．最大流问题有两个层次：
一是如何合理调配流量，使网络的流通能力达到最大；二是找到制约流量的
瓶颈因素，以便对网络加以改造，提高网络的流通能力．

例 7.4.1　图 7－18 是连接某产品产地 v_s 和销地 v_t 的交通网络．弧（v_i，
v_j）表示从 v_i 到 v_j 的运输线路，弧旁数字表示这条运输线路的最大通过能力．

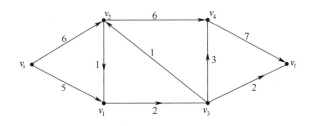

图 7－18　产地与销地的交通网络

问题：这个网络的最大输送能力是多少？如果要提升网络的流通能力，应该如何入手？

下面介绍最大流问题的基本理论和求解最大流问题的基本算法.

7.4.1　基本概念

1. 网络与流

容量网络：对一个有向网络 $N=(V, A)$ 做如下规定：网络有一个发点 v_s 和一个收点 v_t；对每一弧 $(v_i, v_j) \in A$，都赋予一个容量 $r(v_i, v_j)=r_{ij} \geqslant 0$，表示容许通过该弧的最大流量.

满足以上规定的网络称为容量网络. 本节所讨论的均为这种网络，以下简称网络. 例如图 7-18 就是一个容量网络.

网络流：是指流过一个网络的某种流在各边上流量的集合.

在一个网络 $N=(V, A)$ 中，设以 $x_{ij}=x(v_i, v_j)$ 表示通过弧 $(v_i, v_j) \in A$ 的流量，则集合 $X=\{x_{ij} \mid (v_i, v_j) \in A\}$ 就称为该网络的一个流.

2. 可行流与最大流

如果网络 N 表示一个运输网络，r_{ij} 表示线路 v_i 与 v_j 之间的最大运输能力，x_{ij} 表示 v_i 与 v_j 之间的实际运输量，则应有 $0 \leqslant x_{ij} \leqslant r_{ij}$，即实际运输量不能超过该线路的最大运输能力. 如果网络 N 上的中间点表示一个转运站，那么中间点运出货物的总量与运进的总量应当相等.

满足下列条件的流 $X=\{x_{ij}\}$ 称为一个可行流.

（1）弧容量限制条件：弧的流量不超过容量，即对每一弧 $(v_i, v_j) \in A$ 有 $0 \leqslant x_{ij} \leqslant r_{ij}$.

（2）中间点平衡条件：对于中间点，有总流入量＝总流出量，即对每个 $i(i \neq s, t)$ 有

$$\sum_j x_{ij} - \sum_j x_{ji} = 0$$

对于发点 v_s 和收点 v_t，有 $\sum_j x_{sj} = \sum_j x_{jt} = f$（$v_s$ 的净流出量与 v_t 的净流入量相等），称 f 为可行流的流量.

可行流总是存在的，当所有弧的流量 $x_{ij}=0$ 时，就得到一个可行流，流量为 0.

图 7-19 表示了一个可行流，图中弧旁数字为 (r_{ij}, x_{ij}).

在一个网络中，流量最大的可行流称为最大流，记为 $X^*=\{x_{ij}^*\}$，其流量记为 $f^*=f(X^*)$.

3. 弧的种类

在网络 $N=(V, A)$ 中，若给定一个可行流 X，称 $x_{ij}=r_{ij}$ 的弧为饱和弧，$x_{ij}<r_{ij}$ 的弧为非饱和弧，$x_{ij}=0$ 的弧为零流弧.

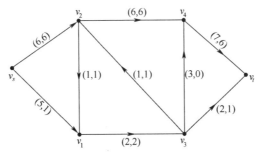

图 7-19 可行流

设 μ 是网络中一条连接发点和收点的链，定义链的方向是从 v_s 到 v_t. 则链 μ 的弧分为两类：与链的方向一致的弧为前向弧，其集合记为 μ^+；与链的方向相反的弧为后向弧，其集合记为 μ^-.

在图 7-19 中，链 $\mu = v_s v_1 v_2 v_3 v_t$ 上的各弧被分成以下两类：

$$\mu^+ = \{(v_s,\ v_1),\ (v_3,\ v_t)\}$$
$$\mu^- = \{(v_2,\ v_1),\ (v_3,\ v_2)\}$$

4. 增广链

设 $X = \{x_{ij}\}$ 是一可行流，μ 是从 v_s 到 v_t 的一条链. 若链 μ 上各弧的流量满足下述条件：①前向弧均为非饱和弧；②后向弧均为非零流弧. 则称 μ 为一条关于可行流 X 的增广链，记为 $\mu(X)$. 图 7-19 中，链 $\mu = v_s v_1 v_2 v_3 v_t$ 就是关于当前可行流的一条增广链. 增广链是判定最大流的依据，如果存在增广链，则 X 还不是最大流，如果没有增广链了，就可以判定 X 已经是最大流了.

定理 1 在网络 $N = (V,\ A)$ 中，可行流 X 是最大流的充要条件是：N 中不存在关于 X 的增广链.

5. 截集

在一个网络 $N = (V,\ A)$ 中，若把点集 V 剖分成不相交的两个非空集合 S 和 $\bar{S}$，且 $v_s \in S$，$v_t \in \bar{S}$，S 中各点不需经由 $\bar{S}$ 中的点而均连通，$\bar{S}$ 中各点也不需经由 S 中的点而均连通，则把始点在 S 中而终点在 $\bar{S}$ 中的所有弧所构成的集合，称为一个分离 v_s 和 v_t 的截集，记为 $(S,\ \bar{S})$.

如果从网络 N 中去掉截集 $(S,\ \bar{S})$ 中的边，从 v_s 就没有路可以到达 v_t.

注意：截集是有方向的，只包含从 S 指向 $\bar{S}$ 的弧. 截集是从 v_s 一岸通往 v_t 一岸的"桥梁"的总和，或者说，截集是从 v_s 到 v_t 的必经之路.

在一个截集 $(S,\ \bar{S})$ 中所有弧的容量之和称为该截集的容量，简称截量. 截集可以有很多，不同的截集具有不同的截量. 截量最小的截集称为最小截集. 最小截集的概念很重要，它决定了网络的流通能力.

定理 2　对于任意给定的网络 $D=(V,A,C)$，从发点 v_s 到收点 v_t 的最大流的流量必等于分割 v_s 和 v_t 的最小截集的截量.

图 7－18 的截集及其截量如表 7－5 所示.

表 7－5　图 7－18 的截集及其截量

$S=\{v_i\}$	$\bar{S}=(v_j)$	$(S,\bar{S})=\{(v_i,v_j)\}$	截量
v_s	v_1,v_2,v_3,v_4,v_t	$(v_s,v_1),(v_s,v_2)$	11
v_s,v_1	v_2,v_3,v_4,v_t	$(v_s,v_2),(v_1,v_3)$	8
v_s,v_2	v_1,v_3,v_4,v_t	$(v_s,v_1),(v_2,v_1),(v_2,v_4)$	12
v_s,v_1,v_2	v_3,v_4,v_t	$(v_2,v_4),(v_1,v_3)$	8
v_s,v_1,v_3	v_2,v_4,v_t	$(v_s,v_2),(v_3,v_2),(v_3,v_4),(v_3,v_t)$	12
v_s,v_2,v_4	v_1,v_3,v_t	$(v_s,v_1),(v_2,v_1),(v_4,v_t)$	13
v_s,v_1,v_2,v_3	v_4,v_t	$(v_2,v_4),(v_3,v_4),(v_3,v_t)$	11
v_s,v_1,v_2,v_4	v_3,v_t	$(v_1,v_3),(v_4,v_t)$	9
v_s,v_1,v_2,v_3,v_4	v_t	$(v_3,v_t),(v_4,v_t)$	9

7.4.2　寻求最大流的标号法——Ford-Fulkerson 标号法

Ford 和 Fulkerson 提出了求解最大流问题的标号法，思路是从某一可行流出发，用标号的办法寻找增广链，然后沿着增广链调整网络流量，直到标号过程无法继续，意味着没有了增广链，表明已得到最大流. 同时，标号点和未标号点构成了两个集合，始点在标号点集且终点在未标号点集的所有弧构成的集合就是最小截集.

算法步骤如下：

1. 标号过程

在这个过程中，网络中的点分为两部分，即标了号的点和未标号的点，标了号的点又分为已检查点和未检查点. 即

$$顶点\begin{cases}标号点\begin{cases}标号已检查点\\标号未检查点\end{cases}\\未标号点\end{cases}$$

每个标号点赋予两个标号：$\pm v_i$ 和 $b(v_j)$，第一个标号表明 v_j 的标号是从哪一个点得到的，以便于找出增广链；第二个标号是用于确定增广链的调整量 θ 的.

具体标号过程如下：

（1）找一个可行流，并给发点 v_s 标号 $(0,\infty)$.

（2）选择一个已标号未检查的顶点 v_i，对所有与 v_i 相邻而没有标号的顶点 v_j，按下列规则处理：若关联 v_i 与 v_j 的弧为 (v_i, v_j)，并且 $x_{ij} < r_{ij}$，则给顶点 v_j 标号 $(v_i, b(v_j))$，其中 $b(v_j) = \min\{b(v_i), r_{ij} - x_{ij}\}$，而当 $x_{ij} = r_{ij}$ 时，不给顶点 v_j 标号.

若关联 v_i 与 v_j 的弧为 (v_j, v_i)，并且 $x_{ji} > 0$，则给顶点 v_j 标号 $(-v_i, b(v_j))$，其中 $b(v_j) = \min\{b(v_i), x_{ji}\}$. 而当 $x_{ji} = 0$ 时，不给顶点 v_j 标号.

当所有与 v_i 相邻而没有标号的顶点 v_j，都执行完上述步骤，就给点 v_i 打 $\sqrt{}$（对号），表示对它已检查完毕.

重复过程（2），可能出现两种结果：其一是终点 v_t 得到标号，说明存在一条增广链，则转到调整过程；其二是所有标号点均已检查过，而终点 v_t 没有得到标号，说明不存在增广链，这时可行流 f 即为最大流.

2. 调整过程

首先从终点回溯标号点的第一个标号，就能找出一条由标号点和相应的弧连接而成的从 v_s 到 v_t 的增广链 $\mu(X)$. 然后，按如下方法修改原可行流. 取调整量 $\theta = b(v_t)$（即终点的第二个标号），令

$$x_{ij} := x_{ij} + \theta, \text{对一切 } (v_i, v_j) \in \mu^+;$$
$$x_{ij} := x_{ij} - \theta, \text{对一切 } (v_i, v_j) \in \mu^-.$$

增广链上的各弧流量 x_{ij} 不变，

调整结束后，去掉所有标号，返回标号过程重新进行标号. 流程图如图 7-20 所示.

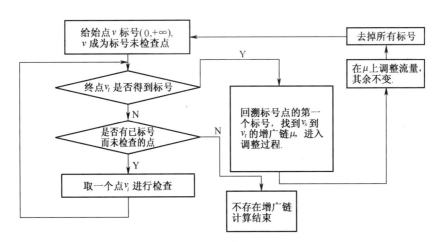

图 7-20 最大流的求解流程图

例 7.4.2 用标号法求图 7-19 中 v_s 到 v_t 的最大流.

解 从图 7-19 中的可行流出发，寻找最大流的过程如下：

（1）标号过程.

①给发点 v_s 标号 $(0, \infty)$.

检查 v_s，对其相邻点 v_1、v_2 依次判断、执行如下：对 v_1，因关联它与 v_s 的弧为 (v_s, v_1)，且 $r_{s1} = 5 > x_{s1} = 1$，故给 v_1 标号 $(+v_s, b(v_1))$，其中 $b(v_1) = \min\{b(v_s), r_{s1} - x_{s1}\} = 4$. 对 v_2，因关联它与 v_s 的弧为 (v_s, v_2)，且 $r_{s2} = x_{s2}$，因此不给 v_2 标号.

至此，对 v_s 检查完毕，给 v_s 打 $\sqrt{}$.

②现在已标号待检查的点为 v_1. 检查 v_1，对与其相邻而未标号的点 v_2、v_3 依次判断、执行如下：对 v_2，因有弧 (v_2, v_1)，且 $x_{21} = 1 > 0$，故给 v_2 标号 $(-v_1, b(v_2))$，其中 $b(v_2) = \min\{b(v_1), x_{21}\} = 1$. 对 v_3，虽有弧 (v_1, v_3)，但 $r_{13} = x_{13}$，故不给 v_3 标号.

至此，对 v_1 检查完毕，给 v_1 打 $\sqrt{}$.

③现在已标号待检查的点为 v_2. 检查 v_2，对与其相邻而未标号的点 v_3、v_4 依次判断、执行如下：对 v_3，因有弧 (v_3, v_2)，且 $x_{32} = 1 > 0$，故给 v_3 标号 $(-v_2, b(v_3))$，其中 $b(v_3) = \min\{b(v_2), x_{32}\} = 1$. 对 v_4，虽有弧 (v_2, v_4)，但 $r_{24} = x_{24}$，故不给 v_4 标号. 至此，对 v_2 检查完毕，给 v_2 打 $\sqrt{}$.

④现在已标号待检查的点为 v_3. 检查 v_3，对与其相邻而未标号的点 v_4、v_t 依次判断、执行如下：对 v_t，因有弧 (v_3, v_t)，且 $r_{3t} - x_{2t} = 1$，故给 v_t 标号 $(+v_3, b(v_t))$，其中 $b(v_t) = \min\{b(v_3), r_{3t} - x_{3t}\} = 1$.

因 v_t 已被标号，转入调整过程.

（2）调整过程.

从 v_t 开始，依次回溯标号点的第一个标号，可得到一条 v_s 到 v_t 的增广链 $\mu = v_s v_1 v_2 v_3 v_t$，如图 7-21 中双箭线所示. 从图 7-21 中可以看出：

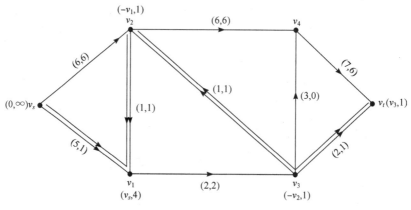

图 7-21　增广链

前向弧集合 $\mu^+ = \{(v_s, v_1), (v_3, v_t)\}$，

后向弧集合 $\mu^- = \{(v_2, v_1), (v_3, v_2)\}$.

按调整量 $\theta = b(v_t) = 1$，调整增广链上各弧的流量如下：

$$x_{s1} := x_{s1} + \theta = 1+1 = 2, \quad x_{s1} \in \mu^+$$
$$x_{3t} := x_{3t} + \theta = 1+1 = 2, \quad x_{3t} \in \mu^+$$
$$x_{21} := x_{21} - \theta = 1-1 = 0, \quad x_{21} \in \mu^-$$
$$x_{32} := x_{32} - \theta = 1-1 = 0, \quad x_{32} \in \mu^-$$

非增广链上各弧的流量不变.

这样得到一个新的可行流, 如图 7-22 所示.

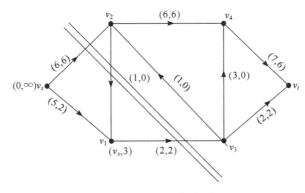

图 7-22　可行流

在图 7-22 中重新进行标号, 依次给 v_s、v_1 标号并检查后, 标号过程无法进行下去, 所以不存在 v_s 到 v_t 的增广链, 图 7-22 中的可行流即最大流 X^*, $f(X^*) = 8$.

已标号点集合 $\{v_s, v_1\}$, 未标号点集合 $\{v_2, v_3, v_4, v_t\}$. 用两道横线将标号点与未标号点分开, 横线截断的从 S 到 $\overline{S}$ 的弧构成最小截集: $\{(v_s, v_2), (v_1, v_3)\}$, 如图 7-22 所示, 最小截集的截量为 8, 恰好就是最大流的流量. 最小截集容量的大小影响总输送量的提高. 因此, 为提高总的输送量, 必须首先考虑改善最小截集中各弧的输送状况, 提高它们的通过能力. 另外, 一旦最小截集中弧的通过能力降低, 就会使网络总的输送能力下降.

这里需要说明的是: 在求网络最大流时, 若未给定初始可行流, 可以自己找出初始可行流, 这个可行流可以是零流, 也可以是任一可行流, 但一般情况下为加快计算速度, 可以根据网络中弧上各容量的大小, 给出流量尽可能大的可行流, 但其是否为最大流须通过判断网络中是否存在增广链来确定.

7.4.3　用 Lingo 软件求解最大流问题

应用 Lingo 软件求解, 程序如下:

```
MODEL:
    sets:
    nodes/s,1,2,3,4,t/;
    arcs(nodes, nodes): p, c, f;
```

```
    endsets
    data:
      p = 0 1 1 0 0 0
          0 0 0 1 0 0
          0 1 0 0 1 0
          0 0 1 0 1 1
          0 0 0 0 0 1
          0 0 0 0 0 0;
      c = 0 5 6 0 0 0
          0 0 0 2 0 0
          0 1 0 0 6 0
          0 0 1 0 3 2
          0 0 0 0 0 7
          0 0 0 0 0 0;
   enddata
  max = flow;
  @for(nodes(i) | i #ne# 1 #and# i #ne# @size(nodes):
  @sum(nodes(j): p(i,j) * f(i,j))
          = @sum(nodes(j): p(j,i) * f(j,i)));
  @sum(nodes(i):p(1,i) * f(1,i)) = flow;
  @for(arcs:@bnd(0, f, c));
END
```

运行结果如下：

Variable	Value	Reduced Cost
FLOW	8.000000	0.000000
F(S, S)	0.000000	0.000000
F(S, 1)	2.000000	0.000000
F(S, 2)	6.000000	−1.000000
F(S, 3)	0.000000	0.000000
F(S, 4)	0.000000	0.000000
F(S, T)	0.000000	0.000000
F(1, S)	0.000000	0.000000
F(1, 1)	0.000000	0.000000
F(1, 2)	0.000000	0.000000
F(1, 3)	2.000000	−1.000000
F(1, 4)	0.000000	0.000000

F(1, T)	0.000000	0.000000
F(2, S)	0.000000	0.000000
F(2, 1)	0.000000	1.000000
F(2, 2)	0.000000	0.000000
F(2, 3)	0.000000	0.000000
F(2, 4)	6.000000	0.000000
F(2, T)	0.000000	0.000000
F(3, S)	0.000000	0.000000
F(3, 1)	0.000000	0.000000
F(3, 2)	0.000000	0.000000
F(3, 3)	0.000000	0.000000
F(3, 4)	0.000000	0.000000
F(3, T)	2.000000	0.000000
F(4, S)	0.000000	0.000000
F(4, 1)	0.000000	0.000000
F(4, 2)	0.000000	0.000000
F(4, 3)	0.000000	0.000000
F(4, 4)	0.000000	0.000000
F(4, T)	6.000000	0.000000
F(T, S)	0.000000	0.000000
F(T, 1)	0.000000	0.000000
F(T, 2)	0.000000	0.000000
F(T, 3)	0.000000	0.000000
F(T, 4)	0.000000	0.000000
F(T, T)	0.000000	0.000000

结果解读：FLOW 为 8，表示最大流量为 8；F(S，1)＝2，F(s，2)＝6，F(1，3)＝2，F(2，4)＝6，F(3，T)＝2，F(4，T)＝6，其余为 0，表示弧 (v_s, v_1)、(v_s, v_2)、(v_1, v_3)、(v_2, v_4)、(v_3, v_t)、(v_4, v_t) 上的流量分别为 2、6、2、6、2、6，其余弧上的流量为 0.

7.4.4 最大流问题拓展

求最大流的标号法适用于只有一个收点和一个发点的网络，但有些问题给出的网络具有多个发点和多个收点，如图 7—23 中，网络 G 有两个发点 v_1，v_2，两个收点 v_7，v_8. 可以添加两个新顶点 v_s，v_t，连接有向边 (v_s, v_1)，(v_s, v_2)，(v_7, v_t)，(v_8, v_t)，新添加的边容量为 M（充分大的正数），得到新网络 G'. G' 为只有一个发点、收点的网络.

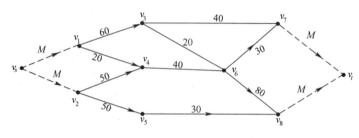

图 7—23　网络含多个发点和多个收点

7.4.5　最大流问题应用举例

最大流问题应用广泛，除了可以求运输网络的最大流量之外，许多实际问题也可以用最大流的方法解决.

例 7.4.3　某铁路施工企业需在 1—3 月完成 A、B、C 这 3 项工程，工程工期和所需劳动力如表 7—6 所示. 该企业每月可用劳动力为 70 人，任一项工程在一个月内投入的劳动力不能超过 60 人. 问该单位能否按期完成上述 3 项工程任务？应如何安排劳动力？

表 7—6　工程工期和需劳动力

工程	工期	共需劳动力/人
A	1—3 月	70
B	1—2 月	90
C	2—3 月	80

解　本问题可以用网络图 7—24 表示. 图中节点 M_1、M_2、M_3 分别表示 1—3 月. 弧旁边的数字表示弧的容量，从发点 S 开始的弧，其容量为 90，表示该公司每月可用劳动力 90 人；从点 M_1、M_2、M_3 到点 A、B、C 的弧，其容量为 60，表示任一工程在一个月内劳动力投入不能超过 60 人；从点 A、B、C 到收点 T 的弧，其容量为每项工程所需的劳动力. 合理安排每个月工程的劳动力，在不超过现有人力的条件下，尽可能保证工程按期完成，就是求图 7—24 中从发点到收点的最大流. 如果最大流的流量正好为 3 项工程需要

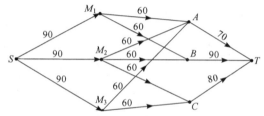

图 7—24　从发点到收点的最大流

劳动力的总数量，则该单位能按期完成任务，从点 M_1、M_2、M_3 到点 A、B、C 的弧上的流量即为劳动力的安排方案.

Lingo 软件求解结果如表 7－7 所示.

表 7－7　每个月的劳动力分配情况　　　单位：人

月份	工程 A	工程 B	工程 C
1	60	30	0
2	0	60	20
3	10	0	60
合计	70	90	80

例 7.4.4　某企业计划招聘懂法、英、德、俄语的翻译各 1 名，有 A、B、C、D 这 4 人应聘. 每人能胜任的语种如表 7－8 所示. 问企业应招聘哪几位应聘者？招聘后如何分配他们的工作？

表 7－8　每人能胜任的语种

语种	A	B	C	D
法语		√		
英语	√	√	√	√
德语	√		√	√
俄语		√		

解　将 4 个人与 4 种外语分别用点表示，把每个人与懂得的外语语种之间用弧相连，每个弧上的数字代表各弧的容量，规定为 1，得到图 7－25（a）

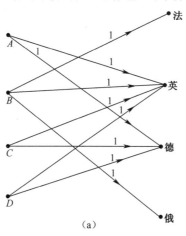

（a）

图 7－25　例 7.4.4 图

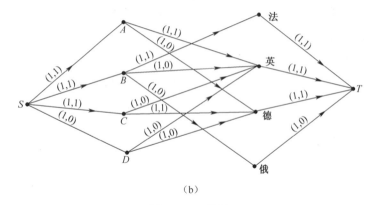

（b）

图 7—25　续图

所示的网络．求该网络的最大流即为最多能招聘的人数．求解结果如图 7—25
（b）所示，图中每条弧上的第一个数字表示弧的容量，第二个数字表示弧的
实际流量．从图中可以看出，企业应招聘 A、B、C 这 3 位应聘者，招聘后的
分配方案为：A—英语，B—法语、C—德语.

习题 7

1. 哥尼斯堡七桥问题

图论的起源最早可追溯到著名的哥尼斯堡七桥问题（the Konigsberg Bridges
Problem）．18 世纪，欧洲的哥尼斯堡（Konigsberg）城有一条流经全城的普雷
戈尔（Pregel）河系，河上有 7 座桥连接着两岸和河中的两个小岛，如图 7—26
（a）所示．当时城内居民散步时热衷于这样一个问题：从 A、B、C、D 中的任
意一个出发，能否走遍 7 座桥且每桥只过一次而最终回到原出发地？

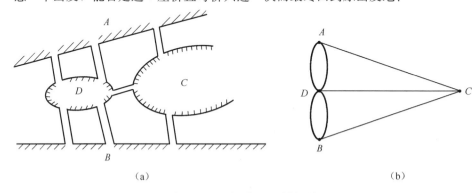

（a）　　　　　　　　　　　　　　　　　（b）

图 7—26　哥尼斯堡七桥问题

数学家欧拉给出的答案是否定的，他将 A、B、C、D 用 4 个点表示，桥
用线表示．由此得到一个图，如图 7—26（b）所示．于是问题归结为一笔画
线问题，即能否一笔画成这个图形，而线不重复．欧拉通过数学证明：凡是
图中有点与奇数条边（线）相关联，这样的图不可能一笔画完．图 7—26（b）

中每个点都与奇数条边相关联，故问题无解. 1736 年欧拉就此发表了一篇论文，开启了一个新的数学分支——图论. 现在请回答下面的问题：从图 7−27 的任一点出发，能否走遍该图的各边一次且仅一次而回到原出发点？若能，则找出一条这样的路；不能，请说明理由.

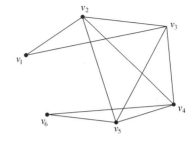

图 7−27 球队比赛情况

2. 有 6 支球队进行足球比赛，分别用点 v_1，…，v_6 表示这 6 支球队，它们之间的比赛情况如下：v_1 队战胜 v_2 队，v_2 队战胜 v_3、v_4 队，v_3 队战胜 v_1、v_5 队，v_4 队战胜 v_5、v_6 队，v_5 队战胜 v_6 队. 请用有向图表示这 6 支球队之间的胜负情况.

3. 分别用避圈法和破圈法求图 7−28 中网络的最小树.

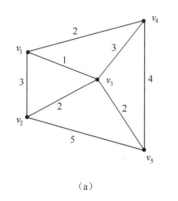

（a）

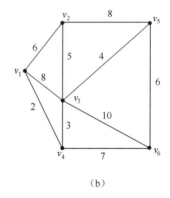

（b）

图 7−28 求网络的最小树

4. 某通信公司要沿道路为 6 个居民小区架设通信网络，连接 6 个居民小区的道路如图 7−29 所示，弧旁数字为各居民小区之间道路的长度，单位为 km. 请设计一个架线方案，连通这 6 个小区，并使总的线路长度最短.

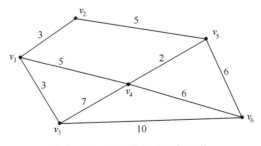

图 7−29 居民小区的通信网络

5. 某乡政府计划未来 2 年内，使所管辖的 6 个村之间都有水泥公路相通. 根据勘测，6 个村之间修建公路的费用如表 7−9 所示. 乡政府应如何选择修建公路的路线使总成本最低？

表 7—9　6 个村之间修建公路的费用　　　　单位：万元

村	2	3	4	5	6
1	15	24	10	21	26
2		11	21	11	31
3			26	21	26
4				26	16
5					31

6. 在图 7—30 所示的网络中，求点 v_s 到各点的最短路.

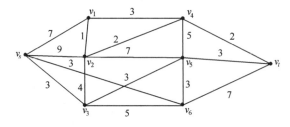

图 7—30　题 6 的网络

7. 在图 7—31 的网络中，求各点间的最短路.

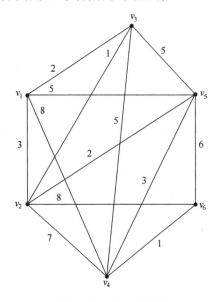

图 7—31　题 7 的网络

8. 有一物流企业要从仓库给客户去送货，仓库与客户之间交通道路情况如图 7—32 所示，v_1 为仓库所在地，v_6 为客户所在地，图中弧旁括号内的数字，第 1 个表示两点间的距离，第 2 个表示两点间汽车行驶所需时间，请分别依据最短距离和最少时间确定最优送货路线.

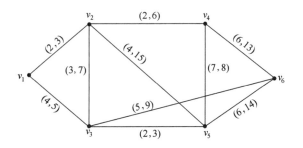

图 7-32　仓库与客户间的交通道路情况

9. 已知某设备可继续使用 5 年，也可以在每年年末卖掉重新购置新设备. 今后 5 年内每年年初购置新设备的价格分别为 3.6 万元、3.8 万元、4.0 万元、4.1 万元和 4.4 万元. 使用时间为 1~5 年的维护费用分别为 0.4 万元、0.9 万元、1.4 万元、2.3 万元和 3 万元. 试确定一个设备更新方案，使 5 年的设备购置和维护总费用最小.

10. 7 个居民小区之间的交通道路如图 7-33 所示，弧旁数字代表道路的长度. 现要在 7 个小区中选择一个建快速反应中心，选择哪一个最合理？

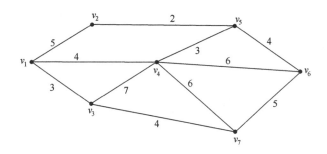

图 7-33　居民小区的交通道路情况

11. 图 7-34 是某 5 个城市之间的航线，弧旁数字为两城市之间的票价

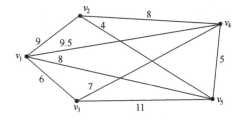

图 7-34　5 个城市的航线图

（百元），试确定任意两城市之间票价最便宜的线路表.

12. 求图 7－35 中网络的最大流与最小截集. 弧旁数字为该弧的容量.

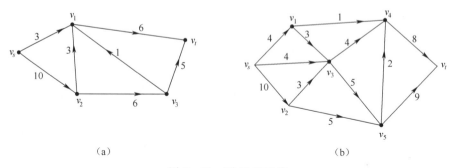

（a）　　　　　　　　　　　　　（b）

图 7－35　题 12 的网络

13. 求图 7－36 所示网络中 v_1 到 v_6 的最大流，弧旁数字为该弧的容量.

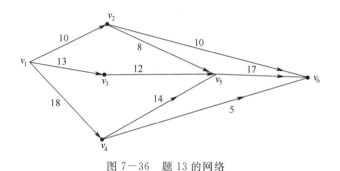

图 7－36　题 13 的网络

14. 某河流有几个岛屿，陆地与岛屿以及各岛屿之间的桥梁如图 7－37 所示. 若河两岸分别为敌对的双方部队占领. 问至少应切断几座桥梁，才能达到阻止对方部队过河的目的？试用网络分析的方法求解.

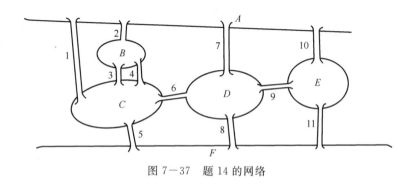

图 7－37　题 14 的网络

15. 有 4 根同一规格的轴件 A、B、C、D，4 个同一规格的齿轮甲、乙、丙、丁，现要将轴件与齿轮配对使用. 由于精度不高，不能任意匹配. 已知 A 只能与乙配合，B 能与甲、丙配合，C 能与丙、丁配合，D 能与甲、乙配合. 问应如何匹配才能充分利用这些零件？试用网络分析的方法求解.

案例分析

案例 1：旅客运输问题

某铁路企业承担甲、乙、丙 3 个城市之间的旅客列车运输任务，列车的出发和到达时间如表 7-10 所示. 设旅客列车从到达某站到出发至少需要 2 h 的准备时间，试制订一个最佳列车接续方案，使该铁路企业所使用的列车数最少.

表 7-10　列车的出发和到达时间

车次	出发城市	出发时间	到达城市	到达时间
K1	甲	10:00	乙	13:00
K3	甲	11:00	乙	14:00
K5	甲	16:00	乙	19:00
K7	甲	21:00	丙	次日 1:00
K9	甲	23:00	丙	次日 3:00
K2	乙	5:00	甲	8:00
K4	乙	12:00	甲	15:00
K6	乙	16:00	甲	19:00
K8	丙	8:00	甲	12:00
K10	丙	16:00	甲	20:00

案例 2：零件加工问题

某零件的生产经过甲、乙、丙、丁 4 道工序，在满足技术要求的前提下，各道工序有不同的加工方案，其费用如表 7-11 所示，试确定一个生产费用最低的零件加工方案.

表 7-11　不同加工方案的费用

甲（两种方案）		乙（三种方案）		丙（两种方案）		丁（一种方案）
方案	加工费用	方案	加工费用	方案	加工费用	加工费用
1	40	1	40	1	30	20
				2	40	10
		2	50	1	40	20
				2	50	10
		3	60	1	40	20
				2	50	10
2	60	1	30	1	30	20
				2	40	10
		2	20	1	40	20
				2	50	10
		3	30	1	40	20
				2	50	10

第8章

排队论

本章学习目标

- 了解排队论的基本概念
- 掌握泊松输入——指数服务排队模型
- 了解排队系统的优化目标与优化问题

8.1 排队论的基本概念

8.1.1 排队系统的描述

排队是人们在日常生活中经常遇到的问题，如顾客到银行取钱、病人到医院看病等. 一般来说，如果要求服务的人数超过服务机构（服务台、服务员等）的数量，到达的顾客不能立即得到服务，就会出现排队现象. 排队现象不仅在日常生活中出现，码头上的船只等待装货或卸货，要降落的飞机因跑道不空而在空中盘旋，生产线上的原料、半成品等待加工，因故障停止运转的机器等待工人修理等都是排队现象.

所谓排队，就是指需要得到某种服务的对象加入等待的队列. 需要得到服务的对象统称为顾客，提供服务的人或机构等统称为服务台. 顾客和服务台构成一个系统，称为服务系统. 在一个服务系统中，如果一些顾客不能立即得到服务而需要等待，就会产生排队现象. 由于拥挤而产生排队现象的服务系统称为排队系统.

在现实世界中，排队现象是多种多样的，对上面所说的顾客和服务台要从广义上理解. 它们可以是人，也可以是物，可以是有形的，也可以是无形的. 不同的顾客与服务台组成了各式各样的排队系统，表 8－1 是一些排队系统的例子.

表 8－1　排队系统范例

顾客	要求的服务	服务台
借书的学生	借书	图书管理员
电话呼叫	通话	交换台
提货者	提货	仓库管理员

续表

顾客	要求的服务	服务台
待降落的飞机	降落	指挥塔台
储户	存款、取款	储蓄窗口、ATM
河水进入水库	放水、调整水位	水库管理员
书籍	阅读	读者
进港船舶	停靠泊位	码头（泊位）

顾客为了得到某种服务而到达系统，若不能立即获得服务而又允许排队等待，则加入等待队伍，待得到服务后离开系统．任何一个排队问题的基本排队过程都可以用图 8-1 表示．

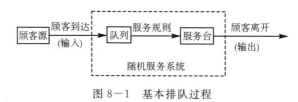

图 8-1　基本排队过程

从基本的排队系统中可以引申出许多其他形式的排队系统，如图 8-2 所示．

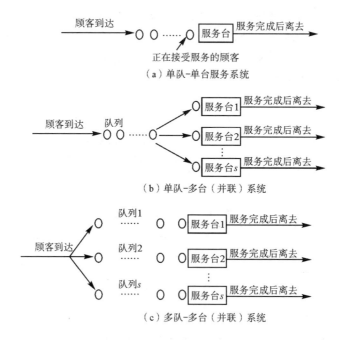

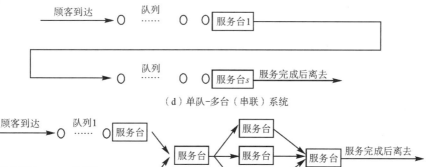

（d）单队-多台（串联）系统

（e）多队-多台（混联、网络）系统

图 8-2 其他形式的排队系统

8.1.2 排队系统的基本组成

一般的排队系统有 3 个基本组成部分：输入过程、排队规则和服务机构. 下面分别说明各部分的特征.

1. 输入过程

输入过程是指要求服务的顾客按怎样的规律到达排队系统的过程，有时也称之为顾客流. 一般可以从 3 个方面来描述一个输入过程.

（1）顾客总体数. 顾客总体数又称顾客源、输入源. 顾客源可以是有限的，也可以是无限的. 如到售票处购票的顾客总数可以认为是无限的，而某个工厂因故障待修的机床数是有限的.

（2）顾客到达的方式. 顾客到达的方式可能是单个的，也可能是成批的. 例如到医院就诊有单个到达的病人，也有成批体检人员同时到达.

（3）顾客流的概率分布. 顾客流的概率分布或称相继顾客的到达时间间隔分布. 相继顾客的到达间隔可以是确定的，也可以是随机的. 如自动生产线上的产品到达各工序的间隔都是一定的，但多数排队系统中顾客的到达是随机的.

常见顾客流的概率分布有以下几种.

①定长分布：顾客严格按照固定的间隔时间相继到达.

②泊松流：顾客到达过程为泊松流.

③爱尔朗（Erlang）分布：顾客相继到达间隔相互独立且具有相同的爱尔朗分布密度.

④一般独立分布：顾客相继到达间隔相互独立且同分布.

2. 排队规则

排队规则具体分为以下 3 种.

1）等待制

等待制指顾客到达系统后，所有服务台都正被占用，顾客加入排队的行列等待服务，一直等到服务完毕以后才离去．如排队等待售票，故障设备等待维修等．多数系统都属于这种机制．等待制中，服务台选择顾客进行服务时通常有如下 4 种规则．

①先到先服务（first come first serve，FCFS）．按顾客到达的先后顺序对顾客进行服务，这是最普遍的情形．

②后到先服务（last come first serve，LCFS）．车船卸货时先卸后装进的货物，乘用电梯的顾客常是后入先出，重大消息优先刊登，都属于这种情况．

③随机服务（serve in random order，LCRO）．服务台空闲时，从等待的顾客中随机选出一个为之服务，而不管到达的先后．如对产品进行质量检查时，所采用的抽样检验方式就属于这种情况．

④有优先权的服务（priority，PR）．如医院对危重病人优先诊治，老人、小孩优先进车站，遇到重要数据需要立即中断其他数据的处理等，均属这种规则．

2）损失制

顾客到达时，若所有服务台都被占用，则顾客自行消失．这种服务机制称为即时制．因为这样会损失掉许多顾客，故又称为损失制．如停车场就属于这种情况．

3）混合制

这是等待制与损失制相结合的一种服务规则，一般是指允许排队，但又不允许队列无限长下去．其大体有以下 3 种．

①系统容量有限．当等待服务的顾客人数超过规定数量时，后来的顾客就自动离去，即系统的等待空间是有限的．

②等待时间有限．顾客在系统中的等待时间不超过某一给定的长度 T，当等待时间超过时间 T 时，顾客将自动离去．如药房存放的药品过了有效期就被销毁，不能再等待给病人服用了．

③逗留时间（等待时间与服务时间之和）有限．顾客在系统中的逗留时间不超过某一给定的长度 T，当逗留时间超过 T 后就自行消失．如出炉的铁水超过一定时间仍未浇注或浇注未完，就报废了．

3. 服务机构

服务机构可以从以下 3 个方面来描述．

（1）服务机构数量及构成形式．从数量上来说，服务台有单台和多台之分．多服务台又分为串联、并联和网络等形式．

（2）服务方式．服务方式有单个服务和成批服务两种，如客车对在站台等候的顾客就施行成批服务．

（3）服务时间的分布. 在多数情况下，对某一个顾客的服务时间是一随机变量，与顾客到达的时间间隔分布一样，服务时间的分布有定长分布、负指数分布、爱尔朗分布等.

8.1.3 排队系统的符号表示与分类

为了区别各种排队系统，根据输入过程、排队规则和服务机构的不同对排队模型进行描述或分类，可给出很多模型. 肯道尔（Kendall）提出一个分类方法，称为"Kendall 记号"，目前被广泛采纳，其形式是 X/Y/Z/A/B/C.

各符号的意义如下：

（1）X：表示顾客相继到达时间间隔的概率分布，可取 M、D、E_K、G 等. 其中：

①M：表示到达过程为泊松过程或负指数分布；

②D：表示定长输入；

③E_K：表示 K 阶爱尔朗分布；

④G：表示一般相互独立的随机分布.

（2）Y：表示服务时间分布，所用符号与 X 相同.

（3）Z：表示服务台个数，取正整数. 1 表示单个服务台，$s(s>1)$ 表示多个服务台.

（4）A：表示系统中顾客容量限额，或称等待空间容量. 若系统中有 K 个等待位子（$0<K<\infty$），当 $K=0$ 时，说明系统不允许等待，即为损失制；当 $K=\infty$ 时为等待制系统；K 为有限整数时，表示为混合制系统.

（5）B：表示顾客源的数量，分有限与无限两种. 用正整数或 ∞ 表示.

（6）C：表示服务规则，如 FCFS、LCFS、FR 等.

①FCFS：表示先到先服务的排队规则.

②LCFS：表示后到先服务的排队规则.

③FR：有优先权的服务.

实际应用中，为了简便，规定了默认的省略形式：当排队规则是 FCFS 时，可省略，只用（1）～（5）记号；顾客源为无限时，（5）可省略；当系统顾客容量限额为 ∞ 时，即等待制系统，（4）可省略.

8.1.4 主要数量指标和记号

1. 排队系统的主要数量指标

描述一个排队系统运行状况的主要数量指标有以下几个.

（1）队长和等待队长. 队长是指系统中的顾客数（排队等待的顾客数与正在接受服务的顾客数之和）；等待队长是指系统中正在排队等待服务的顾客数. 队长和等待队长一般都是随机变量. 队长的分布是顾客和服务员共同关

心的，队长越长说明系统的服务效率越低，特别是对系统设计人员来说，如果能知道队长分布，就能确定队长超过某个数的概率，从而确定合理的等待空间．由于队长是随机变量，因此希望能确定它的分布，至少应知道它的平均值．

（2）等待时间和逗留时间．等待时间是指顾客在系统中排队等待的时间，即从顾客到达时刻起到开始接受服务止这段时间．等待时间是个随机变量，也是顾客最关心的数量指标，因为顾客通常是希望等待时间越短越好．逗留时间是指顾客在系统中的停留时间，即从顾客到达时刻起至接受完服务为止这段时间，也是随机变量．

（3）忙期和闲期．忙期是指从顾客到达空闲的服务机构起，到服务机构再次空闲的这段时间，即服务机构连续忙的时间．这是个随机变量，是服务员最为关心的数量指标，因为它关系到服务员的服务强度．与忙期相对的是闲期，即服务机构连续保持空闲的时间．在排队系统中，忙期和闲期总是交替出现的．

除了上述几个基本数量指标外，还会用到其他一些重要指标．如在损失制或系统容量有限的情况下，由于顾客被拒绝，而使服务系统受到损失的顾客损失率及服务强度等，也都是十分重要的指标．

2. 排队系统中的常用记号

（1）$N(t)$：时刻 t 系统中的顾客数（又称为系统的状态），即队长．

（2）$N_q(t)$：时刻 t 系统中排队的顾客数，即等待队长．

（3）$T(t)$：时刻 t 到达系统的顾客在系统中的逗留时间．

（4）$T_q(t)$：时刻 t 到达系统的顾客在系统中的等待时间．

上面给出的这些数量指标一般都是和系统运行的时间有关的随机变量，直接求出它们的瞬时分布是很困难的．一般地，排队系统在运行了一段时间后，都会趋于一个平稳状态，在平稳状态下，队长的分布、等待时间的分布和忙期的分布都与系统所处的时刻无关，而且系统的初始状态的影响也会消失．本章将主要讨论统计平衡性质．

3. 主要性能指标

（1）L：平均队长，即稳态系统任一时刻顾客数的期望值．

（2）L_q：平均等待队长，即稳态系统任一时刻等待服务的顾客数的期望值．

（3）W：平均逗留时间，即在任一时刻进入稳态系统的顾客逗留时间的期望值．

（4）W_q：平均等待时间，即在任一时刻进入稳态系统的顾客等待时间的期望值．

这 4 项主要性能指标的值越小，说明系统排队越少，等待时间越少，因而系统性能越好. 它们是顾客与服务系统的管理者都非常关注的.

4. 参数数量指标

（1）λ：平均到达率，即单位时间内平均到达的顾客数.

（2）$1/\lambda$：平均到达时间间隔.

（3）μ：平均服务率，即单位时间内平均服务的顾客数.

（4）$1/\mu$：平均服务时间.

（5）s：系统中服务台的个数.

（6）ρ：服务强度，即每个服务台单位时间内的平均服务时间，一般有
$\rho = \dfrac{\lambda}{s\mu}$.

（7）N：稳态系统任意时刻的状态（系统中的所有顾客数）.

（8）U：任一顾客在稳态系统中的逗留时间.

（9）Q：任一顾客在稳态系统中的等待时间.

（10）$P_n = P\{N = n\}$：稳态系统任一时刻状态为 n 的概率；特别当 $n = 0$
时，$P_n = P_0$，即稳态系统所有服务台全部空闲的概率.

（11）λ_e：有效平均到达率，即期望每单位时间内来到系统（包括未进入
系统）的顾客数.

8.1.5　排队论研究的问题与李特尔公式

1. 排队论研究的问题

排队论研究的问题按性质分成三类：性态问题、统计问题、优化问题.

（1）性态问题. 性态问题即研究各种排队系统的概率规律性，主要研究
队长分布、等待时间分布和忙期分布等，了解系统运行的基本特征. 这是通
过运用数学模型对真实系统做不同程度的理想化来达到的，包括瞬态和稳态
两种情形.

（2）统计问题. 统计研究的目的在于为真实系统建立数学模型. 通过数
据分析、参数估计、假设检验等统计研究，判断一个给定的排队系统符合于
哪种模型，以便根据排队理论进行分析研究.

（3）优化问题. 优化研究包括优化设计与优化运营，其基本目的是使系
统处于最优或最合理的状态. 前者是指设计一个未来的排队系统并使适当的
数量指标最优化；后者是指控制一个排队系统，使之最有效地运行.

2. 李特尔（Little）公式

对于 L、L_q、λ_e、W、W_q 之间的关系，李特尔（John D. C. Little）建立
了相关的关系式. 在系统达到稳态时，假定有效平均到达率为 λ_e，则有下面
的公式：

$$L = \lambda_e W \tag{8.1.1}$$

$$L_q = \lambda_e W_q \tag{8.1.2}$$

假定平均服务时间为常数 $\frac{1}{\mu}$，则有

$$W = W_q + \frac{1}{\mu} \tag{8.1.3}$$

$$L = L_q + \frac{\lambda_e}{\mu} \tag{8.1.4}$$

因此，只要知道 λ_e 和 L、L_q、W、W_q 四者之一，其余 3 个就可由李特尔公式求得.

对于平均队长和平均等待队长，可用下列公式计算.

$$L = \sum_{n=0}^{\infty} n P_n \tag{8.1.5}$$

$$L_q = \sum_{n=s}^{\infty} (n-s) P_n = \sum_{n=0}^{\infty} n P_{s+n} \tag{8.1.6}$$

8.2　泊松输入——指数服务排队模型

本节讨论输入过程服从泊松分布、服务时间服从负指数分布的排队模型.

8.2.1　M/M/s/∞系统

M/M/s/∞系统可称为顾客来源无限、队长不受限制的排队系统. 当 $s=1$ 时为单台系统，当 $s>1$ 时为多台系统. 若系统内的顾客数为 $n>s$，则 $n-s$ 个顾客在等待服务.

下面分别给出一个服务台（$s=1$）和多个服务台（$s>1$）排队系统各项数量指标的计算公式.

1. $s=1$ 的情况

$$\rho = \frac{\lambda}{\mu} \tag{8.2.1}$$

$$P_0 = 1 - \rho \tag{8.2.2}$$

$$P_n = \rho^n \ (1-\rho) \tag{8.2.3}$$

$$L = \frac{\lambda}{\mu - \lambda} = \frac{\rho}{1-\rho} \tag{8.2.4}$$

$$L_q = \frac{\lambda^2}{\mu \ (\mu-\lambda)} = \frac{\rho^2}{1-\rho} = L\rho \tag{8.2.5}$$

$$W = \frac{1}{\mu - \lambda} \tag{8.2.6}$$

$$W_q = \frac{\lambda}{\mu \ (\mu-\lambda)} = W\rho \tag{8.2.7}$$

$$P(N>k) = \rho^{k+1} \tag{8.2.8}$$

$$P(U>t) = e^{-\mu t (1-\rho)} \tag{8.2.9}$$

例 8.2.1 高速公路收费处设有一个收费通道，汽车按照泊松流到达，平均每小时 180 辆，收费时间服从负指数分布，平均每辆车需要 15 s. 求

（1）车辆到达需等待的概率；

（2）系统内车辆数的期望值和排队等候车辆数的期望值；

（3）每辆车平均逗留时间和平均等待时间；

（4）车辆逗留时间超过 1 min 的可能性；

（5）系统中有 3 辆车以上的概率.

解 根据题意，这是 M/M/1 系统. 先确定参数值.

$\lambda = \dfrac{180}{60}$ 辆/分钟 = 3 辆/分钟，$\mu = \dfrac{60}{15}$ 辆/min = 4 辆/min，故服务强度为

$\rho = \dfrac{\lambda}{\mu} = 0.75$，根据式（8.2.1）～式（8.2.9），进行下列计算：

（1）$P_{\text{wait}} = 1 - P_0 = 1 - (1 - \rho) = 0.75$，即收费处有 3/4 时间是繁忙的，车辆到达需等待.

（2）$L = \dfrac{\rho}{1 - \rho} = \dfrac{\lambda}{\mu - \lambda} = 3$（辆），$L_q = L\rho = 2.25$（辆）.

（3）$W = \dfrac{1}{\mu - \lambda} = \dfrac{1}{4 - 3} = 1$（min），$W_q = W\rho = 1 \cdot \dfrac{3}{4} = \dfrac{3}{4}$（min）= 45（s）.

（4）$P(U > 1) = e^{-\mu t(1 - \rho)} = e^{-4 \cdot 1 \cdot (1 - 0.75)} = e^{-1} = 0.367\ 9$.

（5）$P(N > 3) = \rho^{3+1} = (0.75)^4 = 0.316\ 4$.

2. $s > 1$ 的情况

该系统的服务强度为

$$\rho = \frac{\lambda}{s\mu} \tag{8.2.10}$$

则系统的稳定概率可表示为

$$P_0 = \left(\sum_{k=0}^{s-1} \frac{1}{k!} \left(\frac{\lambda}{\mu} \right)^k + \frac{1}{s!(1 - \rho)} \left(\frac{\lambda}{\mu} \right)^s \right)^{-1} \tag{8.2.11}$$

$$P_n = \begin{cases} \dfrac{1}{n!} \left(\dfrac{\lambda}{\mu} \right)^n P_0, & 1 \leqslant n \leqslant s \\[3mm] \dfrac{1}{s!} \dfrac{1}{s^{n-s}} \left(\dfrac{\lambda}{\mu} \right)^n P_0, & n > s \end{cases} \tag{8.2.12}$$

4 项主要工作指标为

$$L_q = \frac{\rho}{s!\ (1 - \rho)^2} \left(\frac{\lambda}{\mu} \right)^s P_0 \tag{8.2.13}$$

$$L = L_q + \frac{\lambda}{\mu} \tag{8.2.14}$$

$$W = \frac{L}{\lambda} \tag{8.2.15}$$

$$W_q = \frac{L_q}{\lambda} \tag{8.2.16}$$

另外还有

$$P(N \geqslant k) = \sum_{n=k}^{\infty} P_n = \frac{1}{k!(1-\rho)} \left(\frac{\lambda}{\mu} \right)^k P_0 \qquad (8.2.17)$$

例 8.2.2 某服务机构有 3 个服务窗口，顾客的到达服从泊松分布，平均每小时到达 54 人，服务时间服从负指数分布，平均每小时服务 24 人，若顾客到达后排成一队，依次向空闲窗口移动购票，这一排队系统可以看作 M/M/s 排队系统，若顾客到达后在每个窗口各排一队，且进入队列后坚持不换，就形成 3 个队列，这时排队系统可以看作 3 个 M/M/1 系统，试就这两种情况进行比较.

解 对于前一种情况，

$$\lambda = 54 \text{ （人/h）}, \ \mu = 24 \text{ （人/h）}, \ s = 3, \ \rho = \frac{\lambda}{s\mu} = 0.75$$

该服务机构空闲的概率为

$$P_0 = \left(\sum_{k=0}^{s-1} \frac{1}{k!} \left(\frac{\lambda}{\mu} \right)^k + \frac{1}{s!} \cdot \frac{1}{1-\rho} \left(\frac{\lambda}{\mu} \right)^s \right)^{-1} = 0.0748$$

$$L_q = \frac{\rho}{s!(1-\rho)^2} \left(\frac{\lambda}{\mu} \right)^s P_0 = 1.7 \text{ （人）}$$

$$L = L_q + \frac{\lambda}{\mu} = 3.95 \text{ （人）}$$

$$W_q = \frac{L_q}{\lambda} = \frac{1.7}{54} = 0.0315 \text{ （h）} = 1.89 \text{ （min）}$$

$$W = \frac{L}{\lambda} = 0.07315 \text{ （h）} = 4.39 \text{ （min）}$$

顾客到达后必须等待的概率为

$$P(n \geqslant 3) = 1 - P_0 - P_1 - P_2 = 1 - 0.0748 - \left(\frac{\lambda}{\mu} \right) P_0 - \frac{1}{2!} \left(\frac{\lambda}{\mu} \right)^2 P_0 = 0.57$$

对于后一种情况，对每个窗口而言，平均到达率

$$\lambda_0 = \lambda_1 = \lambda_2 = 54/3 = 18 \text{ （人/h）}, \ \rho = \lambda/\mu = 0.75$$

相应指标为

$$P_0 = 1 - \rho = 0.25$$

$$L = \frac{\lambda}{\mu - \lambda} = 3 \text{ （人）}$$

$$L_q = \frac{\rho^2}{1-\rho} = 2.25 \text{ （人）}$$

$$W_q = \frac{\lambda}{\mu(\mu - \lambda)} = 7.5 \text{ （min）}$$

$$W = \frac{1}{\mu - \lambda} = 10 \text{ （min）}$$

顾客到达后必须等待的概率为

$$P(n \geqslant 1) = 1 - P_0 = 0.75$$

两个排队系统的比较如表 8－2 所示.

表 8－2　两个排队系统的比较

项目	M/M/3	M/M/1（单队）
空闲的概率	0.074 8	0.25（每个服务台）
平均队长	3.95	9（整个系统）
平均等待队长	1.7	2.25（每个服务台）
平均逗留时间	4.39	10
平均等待时间	1.89	7.5
顾客必须等待的概率	0.57	0.75

从表 8－2 中可以看出，单队多服务台系统比多个单队单服务台系统有显著的优越性.

8.2.2　M/M/s/r 系统

现实生活中的很多实际问题，属于顾客来源无限、队长受限制的排队模型，例如医院每天挂 50 个号，第 51 个到达者就会自动离去；理发店内等待的座位都满员时，后来的顾客就会另找其他理发店，等等. 这类模型的特点是当系统内的顾客数已经达到 r 时，再到达的顾客不进入系统，立即离去，另求服务. 这类排队模型记为 M/M/s/r 系统.

下面给出这种模型中各项指标的计算公式.

1. $s=1$ 的情形

服务强度为

$$\rho = \frac{\lambda}{\mu}$$

稳态概率为

$$P_0 = \begin{cases} \dfrac{1-\rho}{1-\rho^{r+1}}, & \rho \neq 1 \\[2mm] \dfrac{1}{r+1}, & \rho = 1 \end{cases} \tag{8.2.18}$$

$$P_n = \begin{cases} \rho^n P_0, & \rho \neq 1 \\ P_0, & \rho = 1 \end{cases} \quad (n \leqslant r) \tag{8.2.19}$$

平均队长、平均等待队长为

$$L = \begin{cases} \dfrac{\rho}{1-\rho} - \dfrac{(r+1)\rho^{r+1}}{1-\rho^{r+1}}, & \rho \neq 1 \\[2mm] \dfrac{r}{2}, & \rho = 1 \end{cases} \tag{8.2.20}$$

$$L_q = L - (1 - P_0) \tag{8.2.21}$$

在系统容量有限的排队系统中，系统空间占满时，新到的顾客不能再进入系统，因此计算的到达率应为有效到达率. 由于到达的潜在顾客能进入系统的概率为 $1 - P_r$，故系统的有效平均到达率为

$$\lambda_e = \lambda(1 - P_r) \tag{8.2.22}$$

根据李特尔公式即可求出 W_q 和 W.

例 8.2.3 某理发店为私人开办并自理业务，店内面积有限，只能安置 4 个座位供顾客等候，一旦满座，后来的顾客不再进店而离开. 已知顾客到达服从泊松分布，平均到达速率为 2 人/h，理发时间平均为 20 min/人，服务时间服从负指数分布，求：

（1）顾客一到达就能理发的概率；

（2）系统中顾客数的期望值 L 和排队等待的顾客数的期望值 L_q；

（3）顾客在理发店内逗留时间的期望值 W；

（4）在可能到达的顾客中因客满而离开的概率.

解 由题意知，这是一个 M/M/1/r 系统.

$$\lambda = 2 \text{ (人/h)}, \quad \mu = \frac{60}{20} = 3 \text{ (人/h)}, \quad \rho = \frac{\lambda}{\mu} = \frac{2}{3}, \quad r = 4 + 1 = 5 \text{ (人)}$$

（1）顾客一到达就能理发的概率，即求理发店中无顾客的概率.

由式（8.2.18）得

$$P_0 = \frac{1 - \rho}{1 - \rho^{r+1}} = \frac{1 - \frac{2}{3}}{1 - \left(\frac{2}{3}\right)^6} = 0.365$$

（2）由式（8.2.20）得

$$L = \frac{\rho}{1 - \rho} - \frac{(r+1)\rho^{r+1}}{1 - \rho^{r+1}} = 1.423 \text{ (人)}$$

由式（8.2.21）得

$$L_q = L - (1 - P_0) = 0.788 \text{ (人)}$$

（3）由李特尔公式和式（8.2.22）得

$$W = \frac{L}{\lambda(1 - P_r)} = \frac{L}{\lambda(1 - \rho^r P_0)} = 44.8 \text{ (min)}$$

（4）当系统处于状态 r 时顾客不能进入系统，故 P_r 被称为顾客损失率. 当理发店客满，即 $r = 5$ 时的概率就是顾客损失的概率. 由式（8.2.19）得

$$P_5 = \rho^5 P_0 = 0.048$$

2. $s > 1$ 的情形

服务强度为

$$\rho = \frac{\lambda}{s\mu}$$

$$P_0 = \begin{cases} \left(\sum_{k=0}^{s} \dfrac{1}{k!} \left(\dfrac{\lambda}{\mu} \right)^k + \dfrac{s^s \rho (\rho^s - \rho^r)}{s!(1-\rho)} \right)^{-1}, \rho \neq 1 \\ \left(\sum_{k=0}^{s} \dfrac{s^k}{k!} + (r-s) \dfrac{s^s}{s!} \right)^{-1}, \rho = 1 \end{cases} \qquad (8.2.23)$$

$$P_n = \begin{cases} \dfrac{1}{n!} \left(\dfrac{\lambda}{\mu} \right)^n P_0, \quad n = 1, 2, \cdots, s \\ \dfrac{s^s \rho^n}{s!} P_0, \quad n = s+1, s+2, \cdots, r \end{cases} \qquad (8.2.24)$$

$$L_q = \begin{cases} \dfrac{\rho}{s!(1-\rho)^2} \left(\dfrac{\lambda}{\mu} \right)^s \{ 1 - \rho^{r-s}[1 + (r-s)(1-\rho)] \} P_0, \quad \rho \neq 1 \\ \dfrac{(r-s)(r-s+1)}{2(s!)} s^s P_0, \quad \rho = 1 \end{cases} \qquad (8.2.25)$$

$$L = L_q + \left(\dfrac{\lambda}{\mu} \right)(1 - P_r) \qquad (8.2.26)$$

$$\lambda_e = \lambda(1 - P_r) \qquad (8.2.27)$$

W，W_q 可按李特尔公式计算.

特别当 $r = s$ 时，如影剧院、旅馆、停车场客满就不能等待空位了，这时的公式将简化如下：

$$P_0 = \left(\sum_{k=0}^{s} \dfrac{1}{k!} \left(\dfrac{\lambda}{\mu} \right)^k \right)^{-1} \qquad (8.2.28)$$

$$P_n = \dfrac{1}{n!} \left(\dfrac{\lambda}{\mu} \right)^n P_0 \quad (n = 0, 1, \cdots, s) \qquad (8.2.29)$$

$$L_q = 0, \quad W_q = 0, \quad W = \dfrac{1}{\mu} \qquad (8.2.30)$$

$$L = \dfrac{\lambda}{\mu}(1 - P_s) \qquad (8.2.31)$$

例 8.2.4 某汽车加油站可同时为 2 辆汽车加油，同时还可容纳 3 辆汽车等待，超过此限制顾客会自动离去. 汽车到达服从泊松分布，平均每小时到达 32 辆，加油时间服从负指数分布，平均加油时间为每辆 3 min，试求：

(1) 系统潜在顾客的损失率.

(2) 每辆汽车的平均逗留时间.

解 这是一个 M/M/s/r 系统，$s = 2$，$r = 5$，$\lambda = 32$ 辆/h，$\mu = 60/3 = 20$ 辆/h，$\rho = \dfrac{\lambda}{s\mu} = \dfrac{32}{2 \cdot 20} = 0.8$.

由式 (8.2.23)、式 (8.2.24)，代入数据得

$$P_0 = \left(\sum_{k=0}^{s} \dfrac{1}{k!} \left(\dfrac{\lambda}{\mu} \right)^k + \dfrac{s^s \rho(\rho^s - \rho^r)}{s!(1-\rho)} \right)^{-1} = 0.156\ 775$$

$$P_1 = \dfrac{\lambda}{\mu} P_0 = 0.250\ 84$$

$$P_2 = \left(\frac{\lambda}{\mu}\right)^2 \times \frac{1}{2!} P_0 = 0.200\ 672$$

$$P_3 = \frac{s^s}{s!} \rho^3 P_0 = 0.160\ 538$$

$$P_4 = 0.128\ 43$$

$$P_5 = 0.102\ 744$$

P_5 即系统潜在顾客的损失率.

按式（8.2.25）、式（8.2.26）计算 L_q、L，得 $L_q = 0.725\ 7$（辆），$L = 2.161\ 2$（辆）.

根据李特尔公式和式（8.2.27），得

$$W = \frac{L}{\lambda_e} = \frac{L}{\lambda(1 - P_r)} \approx 0.075\ \text{（h）} = 4.5\ \text{（min）}$$

即每辆汽车平均逗留 4.5 分钟.

8.3 排队系统的最优化问题

从经济角度考虑，排队系统的费用应该包含两个方面：一个是服务费用，它是服务水平的递增函数；另一个是顾客等待的机会损失（费用），它是服务水平的递减函数. 两者的总和呈一条 U 形曲线. 系统最优化的目标就是寻求上述合成费用曲线的最小点. 在这种意义下，排队系统的最优化问题通常分为两类：系统设计最优化和系统控制最优化. 前者称为静态问题，目的在于使服务机构达到最大效益，或者说，在保证一定服务质量指标的前提下，要求服务机构最为经济；后者称为动态问题，是指运营一个给定的排队系统，如何使某个目标函数得到最优.

由于系统动态最优控制问题涉及更多的数学知识，因此，本节只讨论系统静态的最优设计问题. 这类问题一般可以借助于前面所得到的一些表达式来解决.

本节仅就 μ，s 这两个决策变量分别单独优化，介绍两个较简单的模型，以便读者了解排队系统优化设计的基本思想.

8.3.1 M/M/1/∞ 系统的最优平均服务率 μ^*

设 c_S 为 $\mu = 1$ 时服务机构单位时间的平均费用；c_L 为平均每个顾客在系统逗留单位时间的损失；z 为整个系统单位时间的平均总费用，为单位时间服务成本与顾客在系统逗留费用之和.

其中 c_S，c_L 均为可知. 则目标函数为

$$\min z = c_S\mu + c_L L \tag{8.3.1}$$

将式（8.2.4），即 $L = \dfrac{\lambda}{\mu - \lambda}$，代入式（8.3.1），得

$$z = c_S \mu + c_L \lambda \cdot \frac{1}{\mu - \lambda}$$

易见 z 是关于决策变量 μ 的一元非线性函数，由一阶条件

$$\frac{\mathrm{d}z}{\mathrm{d}\mu} = c_S - c_L \lambda \cdot \frac{1}{(\mu - \lambda)^2} = 0$$

解得驻点

$$\mu^* = \lambda + \sqrt{c_L \lambda / c_S} \tag{8.3.2}$$

根号前取正号是为了保证 $\rho < 1$，即 $\mu^* > \lambda$，这样，系统才能达到稳态. 又由二阶条件

$$\frac{\mathrm{d}^2 z}{\mathrm{d}\mu^2} = \frac{2 c_L \lambda}{(\mu - \lambda)^3} > 0 \quad (\text{因 } \mu > \lambda)$$

可知式（8.3.2）给出的 μ^* 为 (λ, ∞) 上的全局唯一最小点. 将 μ^* 代入式（8.3.1）中. 可得最小总平均费用

$$z^* = c_S \lambda + 2 \sqrt{c_S c_L \lambda} \tag{8.3.3}$$

例 8.3.1 某厂医务室同时只能诊治一个病人，诊治时间服从负指数分布. 到医务室就诊的职工按泊松分布到达，平均每小时到达 3 人. 若平均每个职工停工一小时会给工厂造成 30 元损失，医务室每小时的单位服务成本为 40 元. 求该医务室的最优平均诊疗率.

解 这是一个典型的为 M/M/1 系统设计最优服务率的问题. 其中 $c_S = 40$ 元/h；$c_L = 30$ 元/h，$\lambda = 3$ 人/h.

由式 $\mu^* = \lambda + \sqrt{\dfrac{c_L \lambda}{c_S}}$，得

$$\mu^* = 3 + \sqrt{\frac{30 \times 3}{40}} = 4.5 \quad (\text{人/h})$$

即最优服务率为 4.5 人/h.

8.3.2 M/M/s/∞ 系统的最优服务台数 s^*

排队系统中增加服务台数目，可以提高服务水平，但会增加与之相关的费用. 下面以 M/M/s 模型为例，研究在稳态情形下，如何确定使得单位时间全部费用（服务成本与等待费用之和）的期望值最小的最优服务台数 s^*. 目标函数为

$$\min z(s) = c_S s + c_L L(s) \tag{8.3.4}$$

式中，s 为并联服务台的个数（待定）；$z(s)$ 为整个系统单位时间的平均总费用，它是关于服务台数 s 的函数；c_S 为单位时间平均每个服务台的费用；c_L 为平均每个顾客在系统中逗留单位时间的损失；$L(s)$ 为平均队长，它是关于服务台数 s 的函数.

要确定最优服务台数 $s^* \in \{1, 2, \cdots\}$，使 $z(s^*) = \min z(s) = c_S s + c_L L(s)$.

由于 s 取值离散，不能采用微分法或非线性规划的方法，因此采用边际分析法. 根据 $z(s^*)$ 为最小的特点，有

$$\begin{cases} z(s^*) \leqslant z(s^*-1) \\ z(s^*) \leqslant z(s^*+1) \end{cases} \tag{8.3.5}$$

把式 (8.3.4) 代入式 (8.3.5) 中，得

$$\begin{cases} c_s s^* + c_L L(s^*) \leqslant c_s(s^*-1) + c_L L(s^*-1) \\ c_s s^* + c_L L(s^*) \leqslant c_s(s^*+1) + c_L L(s^*+1) \end{cases} \tag{8.3.6}$$

由此可得 $L(s^*) - L(s^*+1) \leqslant \dfrac{c_s}{c_L} \leqslant L(s^*-1) - L(s^*)$ (8.3.7)

令
$$\theta = \frac{c_s}{c_L} \tag{8.3.8}$$

依次计算 $s=1$，2，$\cdots$ 时的 $L(s)$ 值及每一差值 $L(s)-L(s+1)$，根据 θ 落在哪两个差值之间就可以确定 s^*.

例 8.3.2 某厂仓库负责向全厂工人发放材料. 已知领料工人按泊松流到达，平均每小时来 40 人，发放时间服从负指数分布，平均值为 2 min，每个工人去领料所造成的停工损失为每小时 300 元，仓库管理员每人每小时服务成本为 25 元. 问该仓库应配备几名管理员才能使总费用期望值最小？

解 由题意知，$\lambda=40$ 人/h，$\mu=60/2=30$ 人/h，$c_s=25$ 元，$c_L=300$ 元，$\dfrac{\lambda}{\mu}=\dfrac{4}{3}$，$\rho=\dfrac{\lambda}{s\mu}=\dfrac{4}{3s}$. 将 $\dfrac{\lambda}{\mu}$，ρ 代入式 (8.2.11)、式 (8.2.13)、式 (8.2.14) 得

$$P_0 = \left[\sum_{k=0}^{s-1} \frac{1}{k!} \left(\frac{4}{3}\right)^k + \frac{1}{s!} \frac{1}{1-\frac{4}{3s}} \left(\frac{4}{3}\right)^s \right]^{-1}$$

$$L(s) = L_q + \frac{\lambda}{\mu} = \frac{\left(\frac{4}{3}\right)^s \left(\frac{4}{3s}\right)}{s! \left(1-\frac{4}{3s}\right)^2} P_0 + \frac{4}{3}$$

当 $s=1$ 时，$\rho=\dfrac{4}{3}>1$，不满足系统达到稳态的条件 $\rho<1$，此时 $L(1) \to \infty$. 依次计算 $s=2$、3、4、5 时的 $L(s)$ 及其差值 $L(s)-L(s+1)$，如表 8-3 所示.

表 8-3　$s=2$、3、4、5 时的 $L(s)$ 及其差值 $L(s)-L(s+1)$

s	$L(s)$	$L(s)-L(s+1)$
1	∞	
2	2.4	0.922
3	1.478	0.119
4*	1.359	0.021
5	1.338	

由于 $\dfrac{c_S}{c_L}=\dfrac{1}{12}=0.083$，在区间 (0.021，0.119) 之间，故 $s^*=4$ 时总费用最小，即该仓库应配备 4 名管理员才能使总费用最小.

8.4　Lingo 软件求解排队模型

8.4.1　M/M/s 排队模型的基本参数及应用举例

1. 顾客等待的概率

$$Pwait=@peb(load，S)$$

其中 S 是服务台的个数，load＝lambda/mu，lambda 是顾客的平均到达率，mu 是平均服务率.

2. 顾客的平均等待时间

$$Wq=Pwait/mu/(S-load)$$

3. 顾客的平均逗留时间、队长和等待队长（李特尔公式）

$$W=W_q+\frac{1}{\mu}=W_q+T，\ L=\lambda \cdot W，\ L_q=\lambda \cdot W_q$$

例 8.4.1　用 Lingo 软件求解例 8.2.1.

编写 Lingo 程序如下：

S = 1;lambda = 3;mu = 4;load = lambda/mu;

Pwait = @peb(load,S);

W_q = Pwait/mu/(S - load);

L_q = lambda * W_q;

W = W_q + 1/mu;

L = lambda * W;

P0 = 1 - load;

应用 Lingo 软件求解，运行结果如下：

Variable	Value
S	1.000000
LAMBDA	3.0000
MU	4.000000
LOAD	0.7500000
PWAIT	0.7500000
W_Q	0.7500000
L_Q	2.250000
W	1.000000
L	3.000000
P0	0.2500000

由运行结果可知，该高速公路收费处的有关运行指标如下：

车辆到达需等待的概率为 0.75，系统中的平均车辆数为 3 辆，等待的平均车辆数为 2.25 辆，车辆在系统中的平均逗留时间为 1 min，平均等待时间为 0.75 min，即 45 s.

例 8.4.2 用 Lingo 软件求解例 8.2.2.

(1) 单队多服务台的情况.

编写 Lingo 程序如下：

```
sets:
  num/3/:S,Pwait,W_q,L_q,W,L;
endsets
data:
s = 3;
enddata
lambda = 0.9;mu = 0.4;load = lambda/mu;
@for(num:
Pwait = @peb(load,S);
W_q = Pwait/mu/(S - load);
L_q = lambda * W_q;
W = W_q + 1/mu;
L = lambda * W;
);
```

应用 Lingo 软件求解，运行结果如下：

Variable	Value
LAMBDA	0.9000000
MU	0.4000000
LOAD	2.250000
S(3)	3.000000
PWAIT(3)	0.5677570
W_Q(3)	1.892523
L_Q(3)	1.703271
W(3)	4.392523
L(3)	3.953271

由运行结果可知，在单队多服务台情况下，该服务机构的有关运行指标如下：顾客到达需等待的概率为 0.567 757 0，系统中的平均顾客数为 3.953 271 人，等待的平均顾客数为 1.703 271 人，顾客在系统中的平均逗留时间为 4.392 523 min，平均等待时间为 1.892 523 min.

（2）3 个单队单服务台情况.

编写 Lingo 程序如下：

```
S = 1;lambda = 0.3;mu = 0.4;load = lambda/mu;
Pwait = @peb(load,S);
W_q = Pwait/mu/(S - load);
L_q = lambda * W_q;
W = W_q + 1/mu;
L = lambda * W;
P0 = 1 - load;
```

应用 Lingo 软件求解，运行结果如下：

Variable	Value
S	1.000000
LAMBDA	0.3000000
MU	0.4000000
LOAD	0.7500000
PWAIT	0.7500000
W_Q	7.500000
L_Q	2.250000
W	10.00000
L	3.000000
P0	0.2500000

由运行结果可知，在 3 个单队单服务台情况下，该服务机构的有关运行指标如下：顾客到达需等待的概率为 0.75，系统中的平均顾客数为 9 人（整个系统），等待的平均顾客数为 2.25 人（每个服务台），顾客在系统中的平均逗留时间为 10 min，平均等待时间为 7.5 min.

8.4.2　M/M/s/r 排队模型应用举例

例 8.4.3　用 Lingo 软件求解例 8.2.3.

编写 Lingo 程序如下：

```
model:
sets:
state/1..5/:p;
endsets
lamda = 2;mu = 3;rho = lamda/mu;k = 5;
lamda * p0 = mu * p(1);
(lamda + mu) * p(1) = lamda * p0 + mu * p(2);
```

```
@for(state(i)|i #gt#1 #and# i #lt#
k:(lamda + mu) * p(i) = lamda * p(i - 1) + mu * p(i + 1));
lamda * p(k - 1) = mu * p(k);
p0 + @sum(state:p) = 1;
P_lost = p(k);lamda_e = lamda * (1 - P_lost);
L = @sum(state(i)|i #le#k:i * p(i));
L_q = L - (1 - p0);
W = L/lamda_e;
W_q = W - 1/mu;
    end
```

应用 Lingo 软件求解，运行结果如下：

Variable	Value
LAMDA	2.000000
MU	3.000000
RHO	0.666666
K	5.000000
P0	0.3654135
P_LOST	0.4812030E − 01
LAMDA_E	1.903759
L	1.422556
L_Q	0.7879699
W	0.7472354
W_Q	0.4139021
P(1)	0.2436090
P(2)	0.1624060
P(3)	0.1082707
P(4)	0.7218045E − 01
P(5)	0.4812030E − 01

由运行结果可知，该理发店的有关运行指标如下：顾客到达就能理发的概率为 0.365 413 5，系统中的平均顾客数为 1.422 556 人，等待的平均顾客数为 0.787 969 9 人，顾客在理发店内逗留时间的期望值为 0.747 235 4 h，等待时间的期望值为 0.413 902 1 h. 在可能到达的顾客中因客满而离开的概率就是系统中有 5 个顾客的概率，即 0.048 120 3.

例 8.4.4 用 Lingo 软件求解例 8.2.4.

```
model:

sets:
```

```
state/1..5/:p;
endsets
lamda = 32;mu = 20;rho = lamda/mu;s = 2;k = 5;
lamda * p0 = mu * p(1);
(lamda + mu) * p(1) = lamda * p0 + 2 * mu * p(2);
@for(state(i)|i #gt#1 #and# i #lt# s:
(lamda + i * mu) * p(i) = lamda * p(i - 1) + (i + 1) * mu * p(i + 1));
@for(state(i)|i #ge# s #and# i #lt# k:
(lamda + s * mu) * p(i) = lamda * p(i - 1) + s * mu * p(i + 1));
lamda * p(k - 1) = s * mu * p(k);
p0 + @sum(state:p) = 1;
P_lost = p(k);lamda_e = lamda * (1 - P_lost);
L = @sum(state(i):i * p(i));
L_q = L - lamda_e/mu;
W = L/lamda_e;
W_q = W - 1/mu;
```

应用 Lingo 软件求解，运行结果如下：

Variable	Value
LAMDA	32. 00000
MU	20. 00000
RHO	1. 600000
S	2. 000000
K	5. 000000
P0	0. 1567752
P_LOST	0. 1027442
LAMDA_E	28. 71219
L	2. 161240
L_Q	0. 7256309
W	0. 7527257E - 01
W_Q	0. 2527257E - 01
P(1)	0. 2508403
P(2)	0. 2006723
P(3)	0. 1605378
P(4)	0. 1284302
P(5)	0. 1027442

由运行结果可知，该加油站的有关运行指标如下：车辆到达就能加油的

概率为 0.156 775 2，系统中的车辆数为 2.161 240 辆，等待的平均车辆数为 0.725 630 9 辆，车辆在加油站内逗留时间的期望值为 0.075 272 57 h，即 4.5 min，等待时间的期望值为 0.025 272 57 min，即 1.5 min. 在可能到达的车辆中因客满而离开的概率就是系统中有 5 个顾客的概率 $P(5)$，即系统潜在顾客的损失率为 0.102 744 2.

习题 8

1. 思考题.

（1）排队论主要研究的问题是什么？

（2）试述排队模型的种类及各部分的特征.

（3）Kendall 符号 X/Y/Z/A/B/C 中各字母分别代表什么意义？

（4）如何对排队系统进行优化（服务率，服务台数量）？

2. 一个单人理发店，顾客到达服从泊松分布，平均到达时间间隔为 20 min，理发时间服从负指数分布，平均时间为 15 min. 求：

（1）理发店内无顾客的概率；

（2）有 n 个顾客在理发店内的概率；

（3）理发店内顾客的平均数和排队等待的平均顾客数；

（4）顾客在理发店内的平均逗留时间和平均等待时间.

3. 某修理部有 1 名电视修理工，来此修理电视的顾客到达为泊松流，平均间隔为 40 min，修理时间服从负指数分布，平均时间为 30 min. 求：

（1）顾客不需要等待的概率；

（2）修理部内要求维修电视的平均顾客数；

（3）到修理部内维修电视顾客的平均逗留时间；

（4）如果顾客平均逗留时间超过 1.5 h，则需要增加维修人员或设备. 问顾客到达率超过多少时，需要考虑此问题？

4. 某订票点提供火车票电话预订服务，订票点有 1 台电话机，有 1 位服务人员接听电话，假定打电话订票的顾客数服从泊松流，每小时有 6 个订票电话；通话时间服从负指数分布，平均订票时间为 4 min. 试求：

（1）电话线路闲和繁忙的概率；

（2）系统内有 2 名订票顾客的概率；

（3）系统内顾客平均数；

（4）系统内顾客在线等待的平均数；

（5）顾客在线上的平均逗留时间；

（6）顾客的平均等待服务时间.

5. 平均每小时有 6 列货车到达某货站，服务率为每小时 2 列，问要设计多少个站台才能使货车等待卸车的概率不大于 0.05？设该系统为 M/M/s 排队模型.

6. 某汽车加油站只有一台加油泵，且场地至多只能容纳 3 辆汽车，当站内场地占满车时，到达的汽车只能去别处加油. 汽车的到达为泊松流，每 8 min 一辆车，服务为负指数分布，每 4 min 一辆车. 加油站有机会租赁毗邻的一块空地，以供多停放一辆前来加油的车，租地费用每周 120 元，从每个顾客那里期望净收益 10 元. 设该站每天开放 10 h，问租借场地是否有利？

7. 理发馆可同时为 2 人理发，另外有 3 把椅子供顾客等待，当全部坐满后，后来者便自动离去. 顾客到达间隔和理发时间均为相互独立的指数分布，平均每小时到达 3 人，理发时间为 20 min. 试求潜在顾客的损失率和平均逗留时间.

8. 银行有 3 个窗口办理个人储蓄业务，顾客到达服从泊松流，到达速率为 1 人/min，办理业务时间服从负指数分布，每个窗口的平均服务速率为 0.4 人/min. 顾客到达后取得一个排队号，依次由空闲窗口按号码顺序办理储蓄业务. 求：

（1）所有窗口都空闲的概率；

（2）平均队长；

（3）平均等待时间；

（4）顾客到达后必须等待的概率.

9. 兴建一座港口码头，只有一个装卸船只的泊位. 要求设计装卸能力，装卸能力单位为只/日. 已知：单位装卸能力的平均生产费用 2 千元，船只逗留每日损失 1.5 千元. 船只到达服从泊松分布，平均速率 3 只/日，船只装卸时间服从负指数分布，目标是每日总支出最少.

10. 某检验中心为各工厂提供仪器检验服务，需要检验的仪器到来服从泊松流，平均到达率 λ 为每天 48 次，每次来检验由于停工等原因损失为 100 元. 服务（检验）时间服从负指数分布，平均服务率 μ 为每天 25 次，每设置一个检验员服务成本（工资及设备损耗）为每天 40 元. 问应设几个检验员才能使平均总费用为最小？

案例分析

案例 1：物资发放问题

某工厂仓库为了研究发放某种物资应设几个窗口，对于领取和发放情况分别做了以下调查记录：以 10 min 为一段，记录了 100 段时间内每段到来领取工具的人数，如表 8−4 所示；记录了 1 000 次发放物资所用时间，如表 8−5 所示.

试求：（1）平均到达率和平均服务率.

（2）若假设到来的人数服从参数 $\lambda=1.6$ 的泊松分布，服务时间服从参数 $\mu=0.9$ 的负指数分布，这个假设是否合理？利用统计学的方法证明.

（3）只设 1 个服务窗口是否可以？说明原因. 分别就服务窗口数 $s=2$、3、4 的情况计算等待时间.

（4）设领取物资的工人等待的费用损失为每小时 12 元，发放物资的窗口费用为每小时 6 元，每天按 8 h 计算，问应设几个窗口使总费用损失最小？

表 8-4　100 段时间内每段内领取工具的人数

每 10 分钟内领取物资人数/人	次数/次
5	1
6	0
7	1
8	1
9	1
10	2
11	4
12	6
13	9
14	11
15	12
16	13
17	10
18	9
19	7
20	4
21	3
22	3
23	1
24	1
25	1
合计	100

表 8—5　1 000 次发放物资所用时间

发放时间/s	次数/次
15	200
30	175
45	140
60	104
75	78
90	69
105	51
120	47
135	38
150	30
165	16
180	12
195	10
210	7
225	9
240	9
255	3
270	1
285	1
合计	1 000

案例 2：实践调研计划

分组制订实践调研计划，选定一个排队系统，如食堂、超市、银行、高速公路收费站等，做以下工作：

（1）记录该排队系统中一个时间段内（1 h、30 min、10 min），顾客到达的数量，分多次记录，每次记录一个时间段，然后计算平均到达率.

（2）记录该排队系统中一个时间段内（1 h、30 min、10 min），接受服务的顾客数量，分多次记录，每次记录一个时间段，然后计算平均服务率.

（3）计算相关参数，并进一步计算该排队系统的各数量指标.

（4）依据计算结果对排队系统进行评价和分析.

（5）根据实际情况，对该排队系统提出积极的建议，并论证其可行性.

最终完成一篇研究、分析报告.

参考文献

[1]《运筹学》教材编写组. 运筹学［M］. 4 版. 北京：清华大学出版社，2012.

[2] 韩大卫. 管理运筹学［M］. 6 版. 大连：大连理工大学出版社，2010.

[3] 韩中庚. 运筹学及其工程应用［M］. 北京：清华大学出版社，2014.

[4] 张杰等. 运筹学模型与实验［M］. 北京：中国电力出版社，2007.

[5] 韩伯棠. 管理运筹学［M］. 2 版. 北京：高等教育出版社，2005.

[6] 谢金星，薛毅. 优化建模与 LINDO/LINGO 软件［M］. 北京：清华大学出版社，2005.

[7] 薛毅，耿美英. 运筹学与实验［M］. 北京：电子工业出版社，2008.

[8] 熊伟. 运筹学［M］. 2 版. 北京：机械工业出版社，2009.

[9] 胡运权. 运筹学习题集［M］. 4 版. 北京：清华大学出版社，2010.

[10] 宫世染. 运筹学习题集［M］. 上海：同济大学出版社，1987.

[11] 夏伟怀，符卓. 运筹学［M］. 长沙：中南大学出版社，2011.

[12] 岳宏志，商小林. 运筹学［M］. 大连：东北财经大学出版社，2012.

[13] 吴祈宗. 运筹学［M］. 北京：北京理工大学出版社，2011.

[14] 于春田，李法朝，惠红旗. 运筹学［M］. 2 版. 北京：科学出版社，2011.

[15] 张杰，郭闹杰，周硕，等. 运筹学模型及应用［M］. 北京：清华大学出版社，2013.

[16] 郝英奇. 实用运筹学［M］. 北京：中国人民大学出版社，2011.

[17] 张伯生. 运筹学［M］. 北京：科学出版社，2008.

[18] 胡运权. 运筹学基础及应用［M］. 5 版. 北京：高等教育出版社，2008.

[19] 李水旺，田智慧，熊伟. 运筹模型与决策支持［M］. 郑州：黄河水利出版社，2009.

[20] 周溪召. 运筹学及应用［M］. 北京：化学工业出版社，2009.

[21] 焦宝聪，陈兰平. 运筹学的思想方法及应用［M］. 北京：北京大学出版社，2008.

[22] 叶向. 实用运筹学——运用 Excel 建模和求解［M］. 北京：中国人民大学出版社，2007.

[23] 张莹. 运筹学基础［M］. 2 版. 北京：清华大学出版社，2010.